2020 年浙江省哲学社会科学规划后期资助课题
项目编号:20HQZZ11

浙江省哲学社会科学规划
后期资助课题成果文库

SHANG HAI

上海百年室内设计

1843-1949

朱松伟 著

中国社会科学出版社

图书在版编目（CIP）数据

上海百年室内设计：1843—1949 / 朱松伟著 . —北京：中国社会科学出版社，2021.3

（浙江省哲学社会科学规划后期资助课题成果文库）

ISBN 978-7-5203-8138-3

Ⅰ.①上…　Ⅱ.①朱…　Ⅲ.①室内装饰设计—建筑史—上海—1843—1949

Ⅳ.①TU238.2-092

中国版本图书馆 CIP 数据核字（2021）第 051138 号

出 版 人	赵剑英	
责任编辑	宫京蕾	
责任校对	李　莉	
责任印制	李寡寡	

出　　版	中国社会科学出版社	
社　　址	北京鼓楼西大街甲 158 号	
邮　　编	100720	
网　　址	http：//www.csspw.cn	
发 行 部	010-84083685	
门 市 部	010-84029450	
经　　销	新华书店及其他书店	

印刷装订	北京君升印刷有限公司
版　　次	2021 年 3 月第 1 版
印　　次	2021 年 3 月第 1 次印刷

开　　本	710×1000　1/16
印　　张	16.5
插　　页	2
字　　数	276 千字
定　　价	89.00 元

目　　录

绪　　论

一　研究对象界定

1. 研究范围

时间范围

本书所研究的"上海百年室内设计"是指在上海开埠后（1843 年）至新中国成立前（1949 年）这一段历史时期内，对上海室内设计发展的主要特征及脉络进行梳理研究。

由于文化发展凸显着近代上海室内设计发展的时代特征，所以笔者首先以风格文化为切入点来展开研究。通过对近代上海室内设计代表案例风格特征的初步分类，我们得出一种总体印象：近代上海室内设计风格流变并非是一种线性式潮流更迭的景象，而是在"西风东渐"不断深入下，尤其是在进入 20 世纪后，呈现出多元并存、多样发展的态势。（图 0-1）

19 世纪末以前，上海的建筑设计绝大部分是由非专业或不合格的人来完成的，[①] 所谓室内设计也多是业主的个人行为，西方主流建筑文化还没有真正意义上传播开来。进入 20 世纪，随着活跃在上海的职业建筑师逐渐增多，各式各样的西方建筑文化开始有意识地被引入上海，并且此时的室内设计较建筑设计对西方建筑文化反应更加迅速。例如 1902 年建成的华俄道胜银行就是上海近代建筑中最早按西方古典主义章法运用柱式设计的公共建筑，[②] 这标志着"正统"的西方古典建筑文化开始涌入上海。然而建筑师却将当时西方流行的具有现代色彩的新艺术运动风格主动引入银行室内设计之中，充分体现了室内设计对西方建筑文化反应之快的特

---

① 伍江：《上海百年建筑史：1840—1949》，同济大学出版社 2008 年版，第 51 页。

② 郑时龄：《上海近代建筑风格》，上海教育出版社 1999 年版，第 164 页。

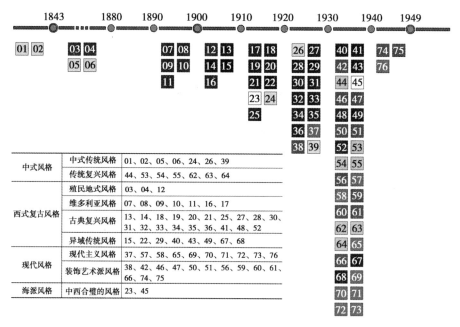

中式风格	中式传统风格	01、02、05、06、24、26、39
	传统复兴风格	44、53、54、55、62、63、64
西式复古风格	殖民地式风格	03、04、12
	维多利亚风格	07、08、09、10、11、16、17
	古典复兴风格	13、14、18、19、20、21、25、27、28、30、31、32、33、34、35、36、41、48、52
	异域传统风格	15、22、29、40、43、49、67、68
现代风格	现代主义风格	37、57、58、65、69、70、71、72、73、76
	装饰艺术派风格	38、42、46、47、50、51、56、59、60、61、66、74、75
海派风格	中西合璧的风格	23、45

图 0-1　代表案例风格特征简况图（案例名称请参阅附录）

点。这对近代上海室内设计发展来说，具有重要的代表性。再如 20 世纪
30 年代左右，西式古典复兴风格的潮流趋势仍在，但以装饰艺术派为代
表的现代风格室内设计已初露锋芒，并且同时还盛行着一股中式传统复兴
的风潮，这些潮流并存的现象凸显了近代上海室内设计文化发展多元共存
的特点。

　　因此，基于近代上海室内设计文化发展的整体特征（这种特征明显是
在 20 世纪后才明晰起来），本书以上海近代历史时期为宏观背景考察的同
时，又以 20 世纪上半叶为主，对这一历史期内上海的室内设计发展作重
点研究。

地域范围

　　开埠前，上海的行政范围大体是东界川沙，南邻南汇，西接青浦，北
连宝山，以县城最为繁华（今黄浦区中南部的老城厢一带）。开埠后，殖
民者在县城北部、苏州河两岸先后设立租界区（今黄浦区、静安区、徐汇
区、长宁区、闸北区、虹口区一带），并逐渐取代县城成为上海的繁华之
所。1927 年，南京政府设立上海特别市，行政范围有所扩大，全市境域
包括上海县全境和青浦、松江、南汇（今浦东东南部）、宝山等县局部，

共拥有市、乡 30 个（租界区为特别区）。基于课题所关注的时限是上海近代历史期，所以本书研究的地域范围在现代上海行政区域框架内，以1927 年上海特别市成立时的行政管理区域为主，其中又以中心城区为重中之重。（图 0-2）

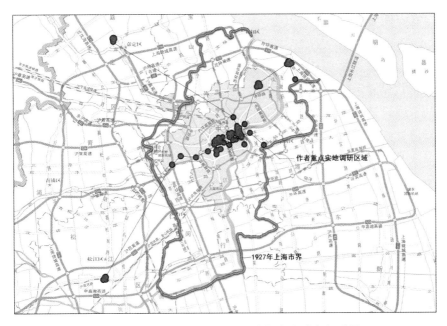

图 0-2　代表案例调研分布图（案例名称请参阅附录）

2. 相关概念

"西风东渐"

"西风东渐"一般是指历史上西方文化对中国社会产生广泛影响的一股社会思潮。它肇始于明末，在清末民初对我国政治、经济、文化、社会产生更为深广的影响。广义的"西风东渐"可以包括"西学东渐""西俗东渐"。"学"主要包括科学技术、文化知识、政治思想等西方工业文明所催生的较为先进的新技术、新文化、新思想；"俗"主要包括西方社会的价值观念、生活方式和文化追求等。"西风东渐"在中国近代历史期内渗透、影响着社会各个层面，甚至给中国历史发展带来了脱胎换骨的改变。

进入 20 世纪，中西文化交融趋势愈演愈烈，西方文化逐步进入到本土化进程之中。上海作为近代中国最早开埠的港口城市之一，成为"西风东渐"的窗口，它的发展演变客观记录着中西文化碰撞交融的过程，也反映着文明交融后从量变到质变的演变历程。本书便是在这种宏观文化背景下展开研究的，并试图通过近代上海室内设计发展的史实来展现这种文化交融的面貌。

室内设计

历史上，无论东西方，室内设计一直隶属于建筑设计范畴。西方现代室内设计是在二战后逐步发展成独立的专业，而我国是在新中国成立后才正式设立室内设计专业学科。[①] 在近代上海诸多的历史文献中，所谓的室内设计多被称为"内部建筑装饰""内部装饰""美术装饰"等，意指通过技术手段对建筑内部空间进行装饰与美化。而从现代室内设计发展来看，室内设计是对建筑设计的深化和发展，是根据建筑物的使用性质、所处环境的相应标准，运用现代物质技术手段和建筑美学原理，创造出功能合理、舒适美观、满足人们物质和精神生活需要的室内空间的一门实用艺术，带有物质性和文化性的特征，反映着人类文明发展的最新成果，其具体内容主要包括室内空间设计、空间界面装饰设计、家具陈设设计等。

本书在对近代上海室内设计本体研究的基础上，更加侧重于对建筑内部空间和风格流变这两个方面展开深入研究。原因有如下两点：首先，空间是室内设计的基础。近代上海室内设计在很大程度上主要体现在对空间界面的美化装饰上，室内设计对建筑内部空间的依赖性很大。所以这一时期建筑内部空间形态的发展演变代表着近代上海室内空间设计的主要特征。其次，装饰风格直观反映着室内设计的文化特征。受中西文化交流的影响，近代上海室内设计的文化发展较以往更为多样，反映着那个阶段上海室内设计发展的突出特征。所以在"西风东渐"背景下，对上海室内设计文化发展的溯源和其反映出的时代性是课题关注的重点。

此外，在近代上海室内设计中，家具陈设设计同样可圈可点，其中又以海派家具所取得的成就最为突出。本书除了在室内设计本体研究加以论述外，又试图通过海派家具这一个点来反映近代上海室内设计的主要

---

① 1957 年，遵照周恩来总理的指示，中央工艺美术学院（现清华大学美术学院）正式成立"室内装饰系"。

特征。

3. 研究主体

按照当代室内设计所涉及的空间类型来说，室内空间包括建筑的内部空间和火车、轮船、飞机等交通工具的内部空间。近代上海也有针对游轮内部空间设计的案例，但是就近代上海室内设计发展来看，建筑室内设计与人们日常生活、文化审美的联系更为紧密，最能直观反映城市文化发展历程。因此，课题关注的室内设计主要是针对城市建筑而言。

近代上海城市建筑的类型大体包括商业办公建筑、居住建筑、文娱卫生建筑、宗教建筑、工业建筑等。在上海开埠初期，西方建筑文化主要是以宗教建筑传播开来的。例如建于 1853 年的董家渡天主堂就是由传教士范廷佐（Joannes Ferrer，1817—1856）于 1847 年设计的带有巴洛克风格特征的宗教建筑，也是近代上海较早的西式风格建筑。但随着社会经济的迅猛发展，尤其是步入 20 世纪，除宗教建筑外，上海的其他新兴建筑类型室内设计特点更加突出，潮流趋势也更为明显。这其中尤以商业办公建筑、居住建筑、文娱卫生建筑最具典型性和代表性，如集中在黄浦区外滩附近的商业办公建筑，散布在静安区、徐汇区、长宁区的居住和文娱建筑等。而随着工业发展，沿苏州河两岸和杨浦区黄浦江沿岸所兴建的大量工业建筑则多是以生产为目的，对室内设计的文化追求并非是人们关注的重点，在这方面也没有取得突出成就。所以，基于寻求近代上海室内设计所表现出来的时代特征，本书以最能体现近代上海室内设计发展特点的商业办公建筑、文娱卫生建筑、居住建筑为主要对象展开研究。

在此值得一提的是，正如霍塞所说："（上海）这个城市不靠皇帝，也不靠官吏，而只是靠他的商业力量而逐渐发展起来的。"[①] "经济"在近代上海城市发展中一直处于举足轻重的地位，而"人"又是城市主体，这两项决定着近代上海各种事业的发展，是城市系统中最重要的两个要素。在对近代上海室内设计本体展开深入研究的同时，注重研究对象在城市系统中所处的位置以及它与其他要素之间的相互关联，也是本书在对象主体研讨过程中关注的要点。（图 0-3）

---

① ［美］霍塞：《出卖的上海滩》，纪明译，商务印书馆 1962 年版，第 4 页。

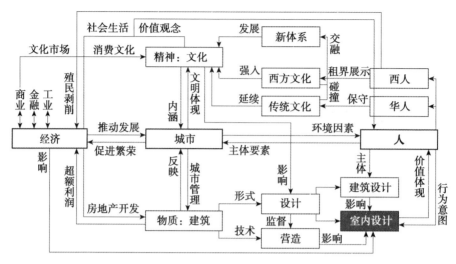

图 0-3　对象主体的研究逻辑

二　分期说明

1. 近代上海室内设计的三个阶段

近代上海室内设计发展大体可以分为如下三个阶段：

酝酿阶段（开埠至 20 世纪初）——开埠初期，殖民地式建筑被引入上海，丰富了上海的建筑空间类型。近代上海的殖民地式建筑多是兼有居住和办公功能，室内设计主要是业主的个人行为，所谓的室内设计主要是体现在陈设器物和空间界面的装饰上。到了 19 世纪末，随着殖民者财富的积累，室内环境装饰逐渐得到人们的重视，上海的室内设计发展步入起步阶段。

起步阶段（20 世纪初至 20 世纪 20 年代）——20 世纪初，随着上海殖民化程度不断加深和经济发展，出现了许多新的建筑类型，建筑功能性更加明确，空间类型也更加复杂。这些建筑的室内设计开始由西方职业建筑师负责，表现出明确的风格特征，也预示着西方建筑文化对上海室内设计发展的影响在逐步加大。这一时期上海的室内设计开始出现多样化特征，各种异域传统风格逐渐进入人们的视野之中；同时，这一时期海派风格室内设计也初见端倪。

快速发展至衰落阶段（20 世纪 20 年代后）——20 世纪二三十年代，随着上海城市经济飞速发展，城市人口猛增（外侨人数也大幅增加），建

筑业步入鼎盛时期，室内设计也随之进入快速发展阶段。这一时期上海的
室内设计发展趋于多样化，但总的来看，追求现代是这一阶段上海室内设
计发展的主要特征。值得注意的是，30 年代上海还流行着一股传统复兴
思潮，华人建筑师广泛参与其中，展开对中国传统建筑文化复兴的探索，
也积极推动着中式传统风格室内设计发展。此外，这一阶段上海室内设计
的专业化趋势十分明显，代表着近代上海室内设计发展所取得的突出成
就。遗憾的是，近代末期由于战争爆发，上海的城市社会经济发展迅速滑
落，建筑活动大量减少，室内设计受其影响，发展缓慢，开始走向衰落。

2. 近代上海室内设计的风格流变

就近代上海室内设计的文化发展来看，主要包括中式传统风格、西式
复古风格、现代风格、海派风格这四大类。具体的风格流变时间线索如图
0-4 所示。

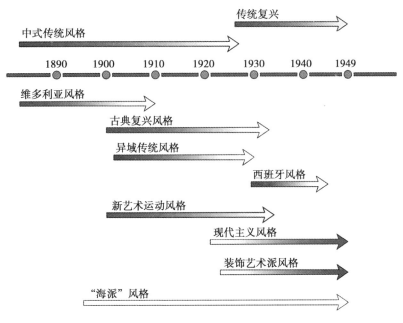

图 0-4 近代上海室内设计风格潮流示意图

自 1843 年开埠后，殖民地式建筑的介入打破了上海中式传统室内设
计 "一统天下" 的局面。19 世纪末，伴随租界经济稳定发展，人们开始
逐渐重视室内装饰，体现奢华生活的维多利亚风格曾一度受到上流社会的

推崇，其余温一直延续到 20 世纪初。而在租界以外地区，中国传统室内设计依然保有旺盛的生命力，但也并非止步不前，而是在"西风东渐"大背景下发生着细微变化。

进入 20 世纪，随着职业建筑师广泛参与，正统的西式古典建筑文化被引入上海，为西式古典复兴风格室内设计在上海发展创造了必要条件。在繁盛的商品社会，古典风格与商业文化相勾连使得西式古典复兴风格成为 20 世纪前 30 年上海室内设计文化发展的主要潮流。从按"章法"设计的华俄道胜银行（1902 年①）到汇丰银行（1923 年），古典复兴风格一步步走向高潮。在此过程中，逐渐成熟起来的华人建筑师同样对西方古典复兴风格室内设计做出完美表达，庄俊设计的金城银行（1927 年）就是最佳代表（见图 0-5）。

图 0-5　金城银行室内设计（现状）

在古典复兴风潮发展的同时，一些异域传统风格也闪烁着耀眼光芒。体现巴伐利亚乡土气息的德国总会（1907 年）、带有英国传统乡村风格特色的"伊甸园"（1932 年）等均是异域传统室内设计风格的典型代表。

———————————

① 建筑案例名称后括号内为建造时间，于此说明，下同。

20 世纪 30 年代，几乎与美国同步，上海曾一度流行西班牙式建筑，并且这种"转手"的风格样式受到当时新兴中产阶级的广泛喜爱，成为近代上海室内设计文化发展中的另一支流。（图 0-6）若说 20 世纪初上海室内设计文化发展中的异域传统风格是基于西侨的个人情怀，那么 30 年代西班牙式风格的流行则是消费时代下人们对文化消费尚新求异的体现，也是近代上海室内设计发展同国际潮流接轨的结果。

图 0-6　多伦路 250 号孔公馆（1924）（现状）

值得注意的是，20 世纪 20 年代末，中国掀起了一股民族复兴思潮，华人建筑师开始尝试"传统复兴"，依托"大上海计划"兴建的一些官方建筑无疑是这股思潮的最佳代表。然而这股思潮的影响并不仅限于官方建筑，此时兴建的一些娱乐建筑或居住建筑室内设计均对这股思潮做出反应，体现出近代工业文明背景下，专业设计师对中式风格新发展的有益探索。

20 世纪 30 年代以来，现代主义思想逐渐受到设计师的重视。科学理性、突破传统的设计理念影响着这一时期上海室内设计发展，出现了许多经典案例。例如由留德建筑师奚福泉所设计的虹桥疗养院（1934 年）就是近代上海典型的现代主义建筑作品，同期建造的雷士德工学院（1934 年）则充分体现了"科学设计"的影响，而建于 1948 年的姚家花园，其室内设计与现代主义建筑大师赖特（Frank Lloyd Wright，1867—1959）主张的"有机建筑"极其神似。与此同时，自 20 世纪 20 年代末开始，上海与西方的联系更为紧密，在城市发展方面几乎与西方同步。当时欧美逐渐盛行的装饰艺术派风格涌入上海，上海随即掀起一股装饰艺术派室内设计风潮。由集近代上海室内设计风格大成的沙逊大厦（1929 年）开始，到外滩最后一幢重要的公共建筑交通银行（1948 年）为止，这股风潮贯穿于近代上海室内设计发展的最后 20 年。甚至可以说，是装饰艺术派勾勒出三四十年代上海室内设计发展的主要画面。（图 0-7）

图 0-7 沙逊大厦装饰艺术派风格室内设计（现状）

此外，在中西文化碰撞交融中，上海逐渐孕育出具有地域特色的海派文化：一种兼容并包、推陈出新的文化现象。纵然近代上海还没有出现以"海派"冠名的设计艺术，但相同的文化土壤孕育着同质的审美追求，无疑这种文化内涵深刻影响着近代上海室内设计的发展，这其中又以海派家具设计取得的成就最为突出。若跳出历史来看，甚至可以说"海派"精神始终贯穿于近代上海的室内设计发展之中。

三　相关研究成果

就目前的文献资料来看，与本书相关的研究成果大体可分为室内设计史、近代建筑史与建筑文化、专题研究这三大类，简要归纳如下。

室内设计史

近年来，基于学科建设和学者们的努力，我国关于东西方室内设计史的研究成果颇丰。如李砚祖、王春雨编著的《室内设计史》（2013），此著作以编年史的方法对比研究了自上古时期起至 20 世纪末，东西方历史上不同时期室内设计的发展状况。书中第十五章对中国近代室内设计盛行的设计思潮做出一定剖析，指出："（近代）与以往建筑文化交流有所不同的是，这种（西方建筑文化）传入和吸收是建立在一方强势主动，而另一方被动接受的不平等地位之上"[①]。相类似的还有闻晓菁编著的《中外室内设计史图说》（2015），齐伟民编著的《室内设计发展史》（2004），霍维国、霍光编著的《中国室内设计史》（2007），李洋、周健编著的《中国室内设计历史图说》（2009）等。这类著作多是图文并茂，以广阔的视野描述人类室内设计发展历程，使我们了解中西方室内设计风格所呈现的不同特点。杨冬江所著的《中国近现代室内设计史》（2007），是专门针对近代至当代这段历史时期我国室内设计发展历程的研究。作者花了相当篇幅总结中国近代室内设计的发展状况，指出："步入近代社会……随着空间结构和使用性质的日益复杂，建筑室内外的设计风格开始出现局部的分离，'内部美术装饰'的概念已逐步被人们所认可与接受。"[②] 张清萍博士的学位论文《解读 20 世纪中国室内设计的发展》（2004）采用案例研究、梳理总结的方法对我国 20 世纪室内设计发展进

---

① 李砚祖、王春雨：《室内设计史》，中国建筑工业出版社 2013 年版，第 411 页。
② 杨冬江：《中国近现代室内设计史》，中国水利水电出版社 2007 年版，第 95 页。

行总结性研究，指出"（20世纪）二三十年代中国建筑活动取得短暂的繁盛时期，这成为中国传统时代过后，建筑设计和室内设计发展的最重要阶段"[1]，同时还指出"（20世纪上半叶）中国建筑的室内设计还附属在建筑设计之中，建筑师担负着从室外到室内的整体设计工作，建筑设计与室内设计还没有分开"[2]。关于后面的观点，本书并不认同。经过研究后发现，近代上海室内设计独立于建筑设计的事实十分明显，也预示着近代中国室内设计已经走向专业化，取得了巨大发展。（参见第六章第二节）

　　上述一些有关我国室内设计发展历程的研究成果，在其近代部分或多或少都会提及上海室内设计的发展史实。但因为是将上海纳入整个中国室内设计史的研究框架，并非针对性的深入研究，未能完整呈现近代上海室内设计发展的总体特征。这些研究一方面印证了近代上海代表着近代中国室内设计的发展主流，另一方面也侧面显示出本书的研究价值。

　　此外，一些关于西方室内设计史的研究成果对本书亦有参考借鉴意义。如左琰的著作《西方百年室内设计（1850—1950）》（2010）指出："19世纪工业技术的进步引发了西方社会各个阶层的巨大变化。一方面富裕起来的中产阶级与日俱增，他们拥有财富和名誉并希望通过提高居住品质来显示他们的身份和地位；另一方面工业革命使规模化生产成为可能，……大大提升了中产阶级对提高居住环境质量的兴趣和实力。"[3] 在此基础上，作者以风格源流、人物事件、材料技术、职业发展等方面为切入点，研究了近代西方室内设计的发展面貌。由于这段时期与处于"西风东渐"背景下的上海近代历史期大体吻合，对本研究具有一定的借鉴意义。又如美国学者约翰·派尔（John Pile）的《世界室内设计史》（2007）以当代观点对人类历史上一些重要建筑（也包括某些乡土建筑）的室内设计进行详细剖析，道出它们所处的政治、经济等时代背景，文中大量的精美图片对我们直观了解西方室内设计风格特征有重要的帮助意义。此类专著还有法国学者怀特海（John Whitehead）所著的《18世纪法国室内艺术》（2003）、罗伯特·杜歇（Robert Ducher）所著的《风格的

---

① 张清萍：《解读20世纪中国室内设计的发展》，博士学位论文，南京林业大学，2004年。

② 同上。

③ 左琰：《西方百年室内设计（1850—1950）》，中国建筑工业出版社2010年版，第12页。

特征》（2003）、周越编著的《图说西方室内设计史》（2010）等。通过上述一些著作，我们可以清晰了解同时期西方室内设计的风格源流、背景根源和发展状况，对比来看有助于更好地找出近代上海室内设计发展的自身特点。

近代建筑史与建筑文化

赖德霖先生的专著《中国近代建筑史研究》（2007）是近些年关于我国近代建筑史研究的代表性著作。在此书中，他首先指出"'中国近代建筑史'是在外来影响下摆脱传统营造方式，并在建筑生产的各个方面走向现代化的过程"①；进而又指出"美学思想是中国建筑现代化之后专业思想的重要部分。而'科学性'和'民族性'是中国近代建筑在追求现代性和文化性时最突出和最具体的表现"②。然后作者以"从上海公共租界看中国近代建筑制度的形成"为题，借鉴系统论方法，在近代上海的市政系统、房地产子系统和建筑生产子系统中深入研究近代上海建筑活动的生产关系，肯定了在"近代中国（近代上海）建筑历史上起到过积极作用的如房屋商品化、管理法制化、生产契约化、建筑师职业自由化的近代建筑生产关系"③。此外，书中还深入探讨了近代中国建筑美学思潮及其与经济、社会的内在关联。这类出版物还有杨秉德主编的《中国近代城市与建筑（1840—1949）》（1993），杨秉德、蔡萌合著的《中国近代建筑史话》（2003），张复合主编的《中国近代建筑研究与保护》（学术丛书）等。

伍江先生的《上海百年建筑史：1840—1949》（1997）是我国第一部全面、系统的关于一座城市近代建筑发展史的专著。作者将近代上海城市建筑的发展过程分为三个阶段：初步形成（1850—1890）、迅速发展（1890—1919）、鼎盛与衰落（1920—1949）。在每个阶段的论述中，作者对其背后社会、历史成因做出了详细诠释，指出："近代上海建筑的发展经历了从西方复古风格走向现代风格的过程，并最终以大量装饰艺术派建筑闻名于世。这一过程中，中国所面临的特殊苦难又推动了中国传统建筑风格的复兴。但不论是复古还是现代，也不论是西式还是中式，在上海近

---

① 赖德霖：《中国近代建筑史研究》，清华大学出版社2007年版，第11页。
② 同上书，第14页。
③ 同上书，第82页。

代建筑史中这些风格都以时尚的面目出现。注重功利，追求时尚；中西合璧，兼容并蓄，是上海近代建筑最本质的特征。"① 与此类似的出版物还有陈从周、章明主编的《上海近代建筑史稿》（1988）、《东方"巴黎"——近代上海建筑史话》（1991）、日本学者村松伸著的《上海·都市と建筑1842—1949》（1991）等。

郑时龄先生的著作《上海近代建筑风格》（1999）首先指出"西方文化的输入和上海本地及中国的不同地域文化相互之间并存、冲撞、排斥、认同、适应、移植、追求与转化，使上海糅合了古今中外文化的精髓，成为中国现代建筑文化的策源地"②；并强调设计风格"说出了隐藏在形式和功能下的建筑创作个性、品格、建造特点、社会风尚和价值取向，是解读上海文化的符号"③。进而对近代上海建筑风格的演变特征、历史意义及文化内涵进行了深入详细的研究。相类似的著作还有沈福熙、黄国新编著的《建筑艺术风格鉴赏：上海近代建筑扫描》（2003），沈福熙、孔健编著的《近代建筑流派演变与鉴赏》（2008）等。

此外，杨秉德先生的著作《中国近代中西建筑文化交融史》（2002）将中国近代建筑的产生与发展作为中国社会、经济、文化演进的结果，指出上海是研究中国近代建筑史或中国近代中西建筑文化交融史的重点，并以此为基础，以文化视角切入，深入阐述了近代中国中西建筑文化的涵化过程④。而诸如《近代上海历史建筑文化》（徐景猷，2006）、《透视上海近代建筑》（沈福熙、沈燮癸，2004）、《地域特征与上海城市更新——上海近代建筑选评》（夏明、武云霞，2010）、《上海近代城市建筑》（王绍周，1989）等，或是从建筑文化，或是以图纸资料等形式记录描述近代上海城市建筑的整体风貌，这些成果对我们了解近代上海建筑文化发展具有重要的帮助意义。

专题研究

一些针对上海近代建筑的专题研究同样对本书具有帮助意义。如《百

① 伍江：《上海百年建筑史：1840—1949》，同济大学出版社2008年版，第181页。

② 郑时龄：《上海近代建筑风格》，上海教育出版社1999年版，第3页。

③ 同上书，第5页。

④ 涵化（Acculturation），文化学概念，是指两种或两种以上的不同文化在接触过程中，相互采借、接受对方文化特性，从而使文化相似性不断增加的过程与结果。参见李安民《关于文化涵化的若干问题》，《中山大学学报》（哲社版）1988年第8期。

年回望：上海外滩建筑与景观的历史变迁》（钱宗灏等，2005）、《上海外滩源历史建筑（一期）》（章明，2007）、*The Bund Shang：China Faces West*（Peter Hibbard，2007）等，是针对外滩历史及其建筑的专项研究。又如《老上海经典建筑》（娄承浩、薛顺生，2002）、《名人·名宅·轶事——上海近代建筑一撇》（黄国新、沈福煦，2003）、《上海名建筑志》（2005）、《上海百年名楼·名宅》（2006）等，是从不同角度对近代上海一些优秀建筑的史料考察。而诸如《上海里弄民居》（沈华，1993）、《上海弄堂》（罗小未、伍江，1997）、《开埠后的上海住宅》（曹炜，2004）、《上海传统民居》（毛佳樑，2005）等，是对上海住宅建筑的深入研究。这些成果调研范围广泛，基本展示出近代上海民居建筑的风貌特征。

　　一些关于近代上海优秀建筑的个案保护研究，内容翔实可靠，对本书具有重要的参考价值。如《外滩十二号》（2007）、《和平饭店保护与扩建》（唐玉恩，2013）、《上海外滩东风饭店保护与利用》（唐玉恩，2013）、《大光明·光影八十年》（2009）、《共同的遗产：上海现代建筑设计集团历史建筑保护工程实录》（2009）等。而诸如《近代哲匠录——中国近代重要建筑师、建筑事务所名录》（赖德霖，2006）、《老上海营造业及建筑师》（娄成浩、薛顺生，2004）、《上海百年建筑师和营造商》（娄成浩、薛顺生，2011）、《邬达克》（卢卡·彭切里尼、尤利娅·切伊迪，2013）等一些研究著作，对我们了解近代上海的职业建筑师及建筑行业发展有帮助作用。

　　另外，近代一些专家有关建筑装饰的研究，为我们直观了解近代上海室内设计发展有着重要的借鉴意义。例如1933年1卷2期的《中国建筑》就刊载近代上海著名的建筑装饰设计师钟熉的文章《谈谈住的问题》，他指出"建筑与装饰，称述时虽常连用，实际上自有区别。……两者有密切连带的关系，缺一是不行的"，并且强调"（室内装饰）不但可以改造个人的思想，而且能够推进民族的文化，改善社会的现状，功效是非常伟大的"[1]，呼吁通过上海的建筑文化发展为中国的建筑与装饰创造空前的新纪录，进而又以图文的方式详细介绍了当时上海盛行的"摩登"室内装饰风格。再如，1933年上海大东书局出版的《现代家庭装饰》是近代上海，乃至近代中国少有的有关室内装饰设计方法的专业著作。书中详细论

---

[1]　钟熉：《谈谈住的问题》，《中国建筑》1933年1卷2期。

述了室内装饰对文化发展的影响，指出"一个国家的文化可以从各个家庭的室内装饰（风格）上观察"。作者还针对当时的时代追求提出以下主张："一、我们当选择西洋风装饰美术之优点，以补我们之缺陷；二、我们更当把它的优点，使之东方化，以求民族趣味上的调和；三、我们当应用西洋科学知识于东方风的装饰美术上；四、我们当竭力发挥我中华民族的固有特点，使东方风装饰美术，在世界文化有独立的地位。"[①] 这些主张一方面显示出我国近代室内设计正逐渐趋于专业化、学术化的客观事实，另一方面主张利用"现代"科学发展"东方化美术装饰"，也是20世纪30年代中国传统复兴思潮下，中国室内设计文化发展的真实写照。

四　研究框架

本书在"西风东渐"背景下展开近代上海室内设计研究，在结构编排上力图体现近代上海室内设计本体的具体特点和室内设计发展的时代特征。采用先"纵"后"分"再"总结"的结构编排思路。"纵"是指对近代上海室内设计所处的时代背景进行梳理，分阶段对室内设计本体展开研究，这样有助于我们找出特点、理清特征。"分"是指在专业框架内，对近代上海室内设计所表现出的典型特征进行分要素深入研究，涵盖空间特征、风格流变两个要素。"总结"是指在全文研究的基础上，对上海近代室内设计所表现出的时代特征予以总结，并引申出近代上海室内设计发展所取得的成就（见图0-8）。

依照上述思路，全书共分四个部分、六个章节，具体如下：

第一部分为绪论，是针对研究对象、时间线索、相关研究成果等的说明，是展开课题研究的基础。

第二部分为第一章和第二章，是课题研究的"纵向"部分，其内容主要是背景梳理和对象本体的深入研究。通过这一部分研究我们可以理清近代上海室内设计发展过程中，不同阶段所呈现出的具体特征和闪亮点。

第一章"'西风东渐'下的时代背景"从与室内设计密切相关的城市、文化、观念、技术四个方面展开，阐述影响近代上海室内设计发展的历史因素。第二章"上海近代室内设计"是对室内设计本体的研究，也是课题研究总结特征、得出结论的基础。本章将近代上海室内设计分为三

---

① 《现代家庭装饰》，上海大东书局1933年版，第15—16页。

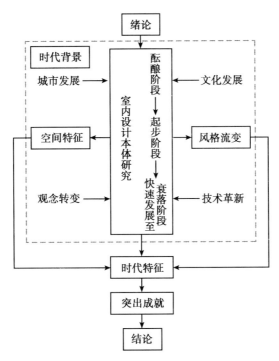

图 0-8　研究框架示意图

个阶段开展研究：酝酿阶段、起步阶段、快速发展至衰落阶段。每个阶段通过典型性案例的全面考察来直观展示近代上海室内设计的真实面貌，阐述其时代特点，并总结不同阶段所展现出的规律特征。

第三部分为第三章和第四章，是课题的"分要素"研究部分，其内容主要是对近代上海室内设计发展过程中特征明显的要素进行分类研究，涵盖空间要素和风格要素两个方面。通过这一部分深入解读，我们可以更加清晰地认识到近代上海室内设计所呈现的整体面貌与时代特征。

第三章"近代上海建筑内部空间特征"是对近代上海室内设计的室内空间类型展开深入研究，从文化、价值观念的角度来论述室内空间所反映出的时代特点。第四章"近代上海室内设计风格流变"是在隐含的时间线索中，对近代上海室内设计文化发展进行深入探讨。近代上海室内设计风格总体呈现多元共存、多样发展的特点：开埠初期，西方人把殖民地式建筑引入上海，殖民地式室内设计进入上海的文化舞台；19世纪末，装饰富丽的维多利亚风格成为西侨们热衷的室内设计风格；20世纪初，正统的西方建筑文化被引入上海，古典复兴风格成为潮流所向；同时，西方逐渐流行的新艺术运动风格在这一时期上海的室内设计中也有所体现，并且此时上海逐渐孕育出极具地域色彩的海派室内设计风格；20 世纪 20 年代后期，在华人建筑师的努力下，上海掀起一股传统复兴风潮，推动着中式风格室内设计朝前发展；到了 30 年代，追求现代成为社会主流观念，现代风格广泛受到人们追捧，其中又以装饰艺术派风格所产生的影响最为广泛。此外，本章除了对各种风格流变的渊源与特点进行考察外，还对这些风格在上海本土化过程中所体现出的特点展开讨论。

第四部分是第五章、第六章和结论，是"总结"部分。通过全文研究，总结出上海近代室内设计所表现出的时代特征，并引申出近代上海室内设计发展所取得的突出成就。

第五章"近代上海室内设计时代特征"在前文研究的基础上提炼出的"文化多样、理念创新、发展敏锐、内涵复杂"是近代上海室内设计所表现出的四个主要特征。同时，文中还指出这些特征不仅体现了近代上海室内设计发展的时代性，也决定了近代上海室内设计朝着现代化方向发展的必然，进而展开第六章"近代上海室内设计的现代化进程"研究。第六章指出近代上海室内设计逐渐发展成为专业的设计门类，这对中国室内设计发展史来说具有重要的历史意义，代表着近代上海室内设计发展所取得的突出成就。最后"结论"部分重申课题研究目的并总结全文。

第一章

"西风东渐"下的时代背景

第一节 都市崛起与近代上海室内设计

一 城市发展的积极作用

上海历史悠久，早在六千多年前的新石器时代，在今马桥、青浦一带就已经出现了良渚文明。春秋战国时期，这里曾先后是吴、越、楚国的属地。唐天宝年间，由于这一地区农业、渔业、盐业有了一定规模，港口优势初现，朝廷在这一区域设立华亭县（公元751年，今松江区一带），这是上海境内独立建制的开始。其中，又以县治下"负海枕江、襟湖带浦"的青龙镇（今青浦区境内）最具盛名，为这一地区的主要良港。宋朝末年，吴淞江（古称松江、松陵江等，即今之苏州河）潮淤水涸，青龙镇的港口地位渐衰。此时，上海浦（当时吴淞江的一段支流，今外滩以东至十六铺附近）地区港口贸易日渐繁荣，大有取代青龙镇之势。于是，朝廷在上海浦西岸一带正式设立上海镇①，这是"上海"首次以地名出现。元初，上海镇除了农、渔、盐业生产外，植棉与棉纺手工业有所发展，进而促进了商业贸易的兴盛，具有划时代意义。到了至元十四年（1277），朝廷在上海镇设立"市舶司"，管理中外商船和货物的赋税，成为当时全国七大市舶司之一，是时"番商云集、经贸日荣"。同年，华亭县升格为松江府。经过十几年的发展，上海镇的经济地位蒸蒸日上，"实为华亭东北一巨镇也"②。至元二十九年（1292），朝廷批准松江知府设县的奏请，上海升镇为县，隶属于松江府，这是上海城建的开始。

---

① 南宋景定五年（1264年），"上海镇"这一名称始见于文献。参见《上海通志》编纂委员会《上海通志》，上海社会科学院出版社2005年版，第2页。

② （元）唐时措：《建县治记》，载弘治《上海县志》卷五。

明初，由于吴淞江沙淤严重，导致江南地区连年水患，影响了这一地区的生产生活。永乐元年（1403），户部尚书夏元吉奉命治理吴淞江淤塞、通航不畅的问题。他集思广益，最终决定疏浚范家浜（今陆家嘴以北、复兴岛以南的黄浦江段），实现吴淞江与黄浦江的合流入海。此举有效地减轻了洪水灾害，且增强了黄浦江通航能力，史称"江浦合流"。自此，黄浦江的泄洪通航能力替代了吴淞江，大大改善了上海的航运条件，"襟江带海"的天然良港优势尽显，国内外港口贸易日益兴盛。值得一提的是，上海设县虽早，但一直没有城池可据，到了嘉靖三十二年（1553），为抵御倭寇侵犯，方开始修筑城墙。城墙周围9里（约4500米）、高2.4丈（约7米），设有城门6处、水门3处①，城外挖有城壕。上海城墙是"嵌入"式建造的，是先有"城"后有"墙"，以县衙、儒塾等官方建筑为中心（并不包括当时城东沿江一带繁华的商业区），呈不规则椭圆形，城内道路依水网划分，相对自由，并非像其他封建城市建设，以四方规矩为准。由此我们也能从侧面看出封建时期上海礼教思想和变通观念并存的社会心理。（图1-1）

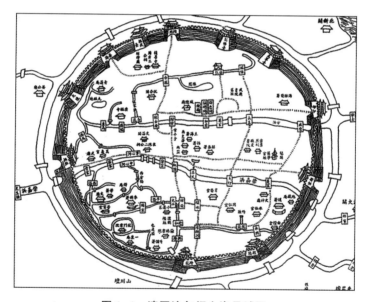

图1-1　清同治年间上海县城图

① 6座城门分别为：朝宗门（大东门）、宝带门（小东门）、跨龙门（大南门）、朝阳门（小南门）、仪凤门（西门）、晏海门（北门）；清末，又增设四座城门：障川门（新北门）、拱辰门（小北门）、尚文门（小西门）、福佑门（新东门）；1912年，随着清朝灭亡，城墙被拆除。

明清时期，棉花已经成为上海地区的主要农作物。历史文献中曾这样记载："（松江地区）种棉者多而种稻者少，每年口食，全赖客商贩运，……种棉费力少而获利多。"① 这也反映出历史上上海地区繁荣的商品贸易和强烈的商业意识。到了清朝初年，为防止叛乱，朝廷一度实行闭关政策，"禁海令"一段时期内严重影响了沿海地区的经济发展。但由于所处地理位置，封闭政策并未改变上海与内地的贸易关系和商业地位。1684年，康熙帝决定废止海禁，开海贸易，并在上海等地设立江海关。随着南北洋沿岸贸易日渐兴盛，上海的经济状况得以进一步发展，"襟江带海"的优势促使上海航运业空前繁荣，这也成为后来西方列强选择以此地作为重要通商口岸的考量因素。雍正八年（1730），为巡查苏州、松江两府盗案而设的分巡苏松道从苏州移驻上海，设署于上海县城，兼理海关，并于次年加兵备衔。到了乾隆元年（1736），太仓直隶州并入苏松道管辖，始称分巡苏松太兵备道，也称上海道，由道员坐镇地方。此后，到了乾隆十八年（1753），道员逐渐成为专职于地方，介乎省、府间的高级长官。

1840年中英鸦片战争爆发，清廷告败，于1842年被迫签订《南京条约》，条约第二款规定开放广州、福州、宁波、厦门、上海五处通商口岸，并允许英侨及其家眷前去居住、经商。1843年英国首任驻沪领事巴富尔（George Balfour）到达上海，宣告上海作为通商口岸正式对外开放，随后与上海道台商定在城外北侧沿江地带设立租界区，自此上海步入近代化进程。

1927年7月，南京国民政府设立"上海特别市"（1930年7月改称上海市），直属于南京政府，行政区域有所扩大，拥有市乡共30个，占地面积494.69平方公里②。（图1-2）上海特别市成立后，政府积极推行"大上海计划"，希望借此带动上海的全面发展。但好景不长，1937年8月，淞沪会战爆发。同年11月，上海沦陷。战争给城市带来了严重破坏，这一时期（又称"孤岛时期"）上海的城市建设几乎陷于停顿。直至

---

① （清）高晋：《请海疆禾棉兼种疏》，载清代《皇朝经世文统编》卷二十六，《地舆部十一·种植》。

② 魏枢：《"大上海计划"启示录：近代上海市中心区域的规划变迁与空间演进》，东南大学出版社2011年版，第4页。

1949 年 5 月上海解放，掀开了上海历史新篇章。

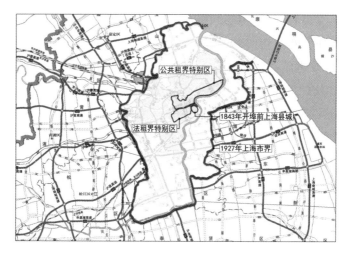

图 1-2　近代上海行政范围示意图

　　简要回顾上海历史，我们不难发现，19 世纪中叶以前，上海虽已成为"江海通津、东南都会"，但还是一个传统的封建社会，经济发展基本依托农业、手工业和港口贸易，其发展模式可以概括为"以港兴商，以商兴市"。开埠后，上海的港口贸易发生历时性转变。例如 1870 年，上海承担中国对外贸易总值的 63%①。到了 19 世纪 80 年代，上海在全国对外贸易中的"货物成交"和"款项调拨"总额中占有 80% 比重②。上海逐步取代广州成为我国最大的外贸口岸，这使得上海与西方的联系更为紧密。

　　外贸繁荣带动了上海近代金融业发展。自 1847 年英商丽如银行首登上海后，随之包括英国、德国、俄国、日本、美国等国在内的数十家银行在上海设立总行或分行，其中日后的汇丰银行成为 20 世纪初上海最大外资银行。与此同时，华商资本银行也在飞速发展，截至 1936 年，上海共有银行 122 家，其中华资银行占到了 86 家。③ 上海俨然成为中国乃至远东

---

　　① ［美］罗兹·墨菲：《上海——现代中国的钥匙》，上海社会科学院历史研究所编译，上海人民出版社 1986 年版，第 80 页。

　　② 汪敬虞：《十九世纪外国在华银行势力的扩张及其对中国通商口岸金融市场的控制》，《历史研究》1963 年 10 月刊，第 73 页。

　　③ 洪葭管：《关于近代上海金融中心》，《档案与史学》2002 年第 10 期，第 48 页。

的金融中心。

在商贸引领、金融先行的基础上，上海近代工业迅速崛起。早在开埠之初已有外商设立船舶修理厂，这是上海近代工业的起始。随着城市经济稳定发展，加上欧战爆发，给上海民族工业和机器制造业的更加繁荣带来了契机。至 20 世纪 30 年代初，就全国大规模工业生产而论，上海就占有其中的半数以上①，成为迅速崛起的中国工业中心，对推动近代上海各项事业发展奠定了物质基础。随着商贸、金融、工业的发展，上海的城市经济职能发生了极大变化：从商品贸易转向资本运作，经济引领使近代上海的城市生活和物质消费也丰富起来，带动了文化繁荣，一时间商贾文人集聚于此，可谓"四方汇聚、八面来风"。

此外，随着城市发展和人口不断增长，房地产业随之兴起，进一步促进了上海近代建筑业走向繁荣，加之经济、文化的腾飞，这些为推动近代上海室内设计发展提供了必要基础。

二 租界的影响

在上海近代历史进程中，租界作为不平等条约的衍生物，它的开辟、发展、繁荣，直到消亡记述着上海的城市历史变革，可谓是传播西方物质文明的"展览馆"，对近代上海社会生活起着深刻的示范作用。

租界设立与自治

1843 年 11 月，英国人依照《南京条约》到上海开埠。翌年，美、法两国通过不平等条约，窃得五口岸通商特权。1845 年，经中英双方议定，上海道台宫慕久与英国领事巴富尔共同颁布《上海土地章程》②。章程内容明确了租界大体范围、租地办法，准许西人修造简单的市政设施，确立"华洋分居"的原则等，成为上海租界的法律依据。整体来看，此次章程的最显著特点是确定华人为"土地之主人"，即中国对于

---

① ［美］罗兹·墨菲：《上海——现代中国的钥匙》，上海社会科学院历史研究所编译，上海人民出版社 1986 年版，第 200 页。

② 其英文名称为"Land Regulation"，并无"上海"一词，是宫慕久将中英双方议定的中文原件抄送给英国领事，请他翻译成英文版本的，近代的人们更多是称其为"地皮章程"。但今天学者们多称 1845 年的"地皮章程"为"《上海土地章程》"，之后修订的章程版本为"第二次《土地章程》"，以此类推。本书采用今人的一贯称谓，于此说明。

土地之主权。① 1853 年，英、法、美三国领事借口"小刀会之乱，华官无力保护租界"，成立武装组织（即万国商团），随后又单方面通过了第二次《土地章程》（1854），仅以"既成事实"通知中国官府。第二次《土地章程》最大的特点是默许华人在租界内"架凭房屋"，形成了"华洋杂居"的局面。这带来两方面的影响：一来国人可以更加直接地接触到西方文明，西方文化也因此得以对华人社会产生更为深广的影响；二来"华洋杂居"导致租界人口陡增，这也是促进近代上海房地产业发展的最直接动因。此外，依据第二次《土地章程》，英、法、美三方成立工部局（The Municipal Council），设立巡捕房，行使行政、保卫职能。自此，上海租界的性质发生重大变化，彻底改变了封建专制体系下的政治制度，开创了西侨统治租界市政的自治局面，为近代上海推行西方城市管理制度创造了条件。

租界扩充

1845 年，上海道台与英国领事商定土地章程时，确定租界范围为东至黄浦江，南至洋泾浜（今延安东路），西至界路（今河南中路），北至李家庄（今北京东路附近），共 830 亩。1848 年，英国领事阿礼国（R. Alcock）借"青浦教案"胁迫上海道台将租界扩充至北以苏州河为界，西以周泾浜（今西藏中路）为界，面积增为 2820 亩，并明确为"英租界"。

美国租界是逐渐成长起来的，起初美国人在英租界中生活，但由于"悬旗事件"迫使美侨到虹口一带寄居。1863 年，美国领事西华德（Seward）与上海道台商定美租界范围：自护界河起，沿苏州河至黄浦江，过杨树浦三里之地，画一条直线，共计 7865 亩（1893 年正式立界时统计）。同年，美租界与英租界合并。1895 年，工部局致函领事团要求扩充租界范围，1899 年，北京公使团批准英美租界的扩充，面积增至 32110 亩，同年，英美租界正式更名为"上海国际公共租界"（International Settlement of Shanghai）。

1863 年，法租界放弃与英美租界联合，独自成立"法租界工部局"（后译名为"公董局"）管理租界事宜。1849 年法租界初立时，面积约为 986 亩。之后，租界当局通过越界筑路和外交要挟等手段，历经三次扩

---

① 徐公肃等：《上海公共租界史稿》，上海人民出版社 1980 年版，第 51 页。

充，直至 1914 年，公董局实际管控的区域已达 15150 亩。至日军攻占上海时，上海实则有两大租界：公共租界和法租界。（图 1-3）

图 1-3　上海租界扩充范围图

租界建设

租界确立后，为巩固这个统治基地，殖民者推行西方城市建设和管理理念。随着租界扩张，其行政机构和规章制度由简至繁、由少至多。租界内，道路、通信、公用事业、公共交通等一系列现代市政设施开始创建并逐步改善。此外，出于对城市交通、公共卫生和防火安全的考虑，租界当局十分重视房屋建筑管理，逐步完善建筑规章制度。其中，审查设计图纸，监管营造活动，以及对中式、西式建筑制定的相关规则和消防要求等现代化的城市管理理念，对租界有序建设、科学管理起到了积极作用，保障了近代上海城市建筑的科学发展，也是推动近代上海室内设计发展的积极因素。

租界的建设管理大体是欧美城市建设制度的移植或衍变。随着租界发展，一个道路宽阔、洋楼林立、环境舒适的新区在上海老城厢北部兴起。（图 1-4）时人有过这样的描述："连云楼阁压江头，缥缈仙居接上游。

十里洋泾开眼界，恍疑身作泰西游。"① 租界面貌的日益完善，也带动了
华界的近代化步伐。从 1905 年到 1914 年，上海地方士绅开展了颇有声势
的地方自治运动，其实质就是效仿租界，努力推动华界地区的市政近代化
进程。②

图 1-4　近代上海租界面貌的演变

注：左上 1870 年代的南京路，左下 1900 年代的南京路，右 1930 年代的南京路。

租界生活

开埠后，外侨把西式生活带到了上海，为上海市民展现出一种完全不
同的生活方式。例如，西人有过礼拜日的习惯，即六天一休息，除了工作
以外，举行派对、办舞会、看展览、体育比赛、赛马等这些西方休闲生活
方式逐渐在租界兴起，并很快建造一批由总会、俱乐部、剧院、公园、运

---

① （清）王韬：《瀛壖杂志》，上海古籍出版社 1989 年版，第 111 页。

② 上海地方自治运动可分为三个时期：1905 年 10 月至 1909 年 6 月，绅商自发组织，成立
城厢内外总工程局；1909 年 6 月至 1911 年 11 月，奉旨筹办地方自治，总工程局改为城自治公
所；1911 年 11 月至 1914 年 2 月，上海光复后，城自治公所改为市政厅。1914 年 2 月，袁世凯下
令停办地方自治。参见吴桂龙《清末上海地方自治运动论述》，《近代史研究》1982 年第 6 期。

动场等构成的公共建筑。外侨的生活方式悄无声息地影响着上海华人：西餐逐渐被人们接受，跑马成为最具影响的博彩活动，跳舞和派对勾勒出夜上海的主要画面……

进入 20 世纪，商业发展促使总会、舞厅、电影院等各种文娱建筑如雨后春笋般不断涌现，人们对西式生活早已司空见惯，西方文化也慢慢深入人心。此时的上海，市政设施日趋完备、城市景象洋楼林立、都市生活多姿多彩，不仅被称为"冒险家的乐园"，也成为不折不扣的"东方巴黎"。

租界文化

近代上海，华人和西人都认为自己是这片土地的主人，各自为政，最终形成了"一市三治"的畸形格局。这不仅在管理上形成缝隙，导致"五方杂处、中外混聚"的社会结构，也为不同文明共存、交融提供了从容的文化空间。西人经营租界自然是为了经济利益，可一定程度上也丰富着上海的文化内涵，推动了上海的现代化进程。例如，租界里洋楼林立，西洋器物随处可见，无异于一处西方文明的"展览馆"，使得到这里游观的华人耳目一新、眼界大开。又如，两租界通过越界筑路的方式分别扩展自己的势力范围，这种做法显然缺乏统一，但却形成了异彩纷呈的城市风貌，有利于不同建筑文化的相互融合。

设立租界实为中国历史上的一段屈辱。但客观来讲，它的存在也的确推动着近代上海的迅速崛起。甚至可以说近代上海的城市发展进程主要体现在租界的发展历程上。西方文明是通过租界传播开的，形形色色的建筑、灯红酒绿的生活、"华洋杂居"的现实，使得国人有机会目睹西方近现代物质文明的最新成果，逐渐改变着自身固有的文化心态，也预示着西方建筑文化即将通过租界对上海产生深远的影响。

三　人口增长与房地产业发展

人口增长

人是城市的主体，是城市文明的缔造者，人口汇聚是城市发展普遍存在的社会现象。同时，大规模的人口迁移也是促进城市繁荣的直接动因。从开埠到新中国成立，短短百余年间，上海人口总量从 50 多万逐步增至 500 多万，增长近 10 倍，这在中国城市发展史中绝无仅有，即便是在世界范围内亦属罕见。人口激增（包括外侨）为上海快速崛起提供了巨大动力，使近代上海由一个海边县城迅速成长为一座国际大都市。

　　近代上海人口猛增主要是外迁移民增多，原因是多方面的，其中一个重要原因是上海租界长期保持着稳定态势。清末民初，中国时局动荡，战事连连。由于租界区为西人掌控，相对稳定，于是每逢战乱，大量华人便涌向租界避难，使得租界人口大幅陡增。这是近代上海人口增长的一大特征。

　　开埠初期，租界的人口为 500 人左右，占上海总人数尚不足 1%。[①]1853 年小刀会起义，为躲避战火，县城内的华人纷纷涌入租界，这时，租界人口已经达到了 2 万多人。与此同时，太平军已定都南京（1853 年 3月），与清军在江南展开拉锯战。江、浙、皖一带大批官僚地主、豪绅富商以及广大民众为躲避战祸，纷纷涌向上海，进入租界避难谋生。当时所有人都把上海视为"避难城"，把租界看成"安全界"。[②] 截至 1865 年太平天国运动失败，租界人口总数增至近 15 万，占上海总人数的 21.5%。辛亥革命后，1915 年，租界已有 83 万余人，达到上海人口总数的四成以上。1937 年日军侵华时期，租界人口猛增至近 170 万，1942 年太平洋战争时期，上海租界人数暴涨至近 250 万，占上海总人数超过 62%。（图 1-5）

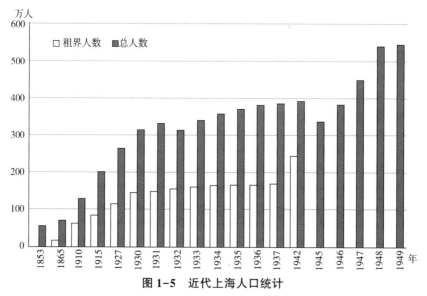

图 1-5　近代上海人口统计

注：1943 年，汪伪政府形式上收回租界主权，结束了上海租界的百年历史。

---

　　① 本章节人口数字统计，均引自邹依仁《旧上海人口变迁的研究》，上海人民出版社 1980 年版，第 90 页、第 141 页。

　　② 郑祖安：《百年上海城》，学林出版社 1999 年版，第 235 页。

　　表面上看,租界人口的几次大规模增长都与当时的战乱相关,其中相当一部分是躲避战事的难民。但在更深层面,这也反映出租界经济的稳定发展,因为没有经济支撑,租界也很难应对如此大规模的人口膨胀。近代上海的经济职能从商贸中心逐渐转化为工业中心、金融中心,这无不与城市人口陡增有关:一则,躲避战事的华人中不乏江浙一带的富商巨贾,他们携带的财富成为推动上海经济发展的重要资本来源;二来,大量难民涌入为市场提供了廉价劳动力,支援了上海工业发展;再有,人口增长也意味着税收增加和消费增加,这些都是促进近代上海城市、经济发展的动力因素。此外,"移民社会"的一个最大特点就是人们脱离了原来的大部分社会关系,重组成新的社会网络,这为人们价值观念和生活方式转变提供了更为自由的心理空间。而这些反映在社会文化层面,则意味着中国传统宗族关系和传统文化的约束力逐渐弱化,这也是近代上海室内设计文化发展得以摆脱传统束缚的必然前提。

　　此外,就近代上海外侨总人数来说,从开埠初期的 26 人增长到抗日战争前的 7 万余人。尤其是步入 20 世纪后,外侨人口的增长速率逐年增高,且女侨数量总是保持接近外侨总人口数的 1/3,反映出这一时期上海的外侨社会快速、稳定的发展态势,也预示着西方文化的影响在逐步增大。(图 1-6)

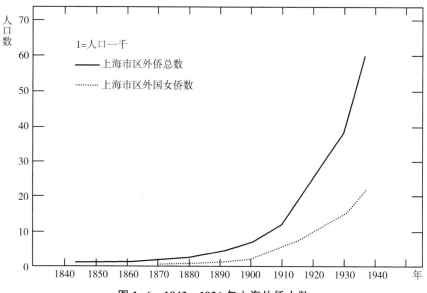

图 1-6　1843—1936 年上海外侨人数

房地产业的发展

开埠初期，外商之间土地永租权买卖可谓近代上海地产市场发展的嚆矢。"华洋杂居"合法化和人口猛增使得上海的住房需求不断扩大，为房地产业的最终形成创造了市场条件。而丰厚稳定的利润，吸引了大批西人投机商的目光，为推动上海房地产业发展注入了动力。太平天国运动末期（19世纪60年代初），外商（也包括部分华商、买办）对房地产投资几乎达到了疯狂的程度①，大量资金转向不动产投资，促使上海房地产业首次爆发。这带来两方面的影响：一方面，殖民者为进一步经济剥削，巧取豪夺，极力扩张租界的地域范围；另一方面，外商引入一整套西方房地产业经营模式，推动上海的房地产业走向兴旺发达。短短几十年时间，上海房地产业便积聚巨额资本，成为租界的支柱产业。20世纪20年代，租界每年的房捐地税占财政收入一半以上，最高时达到了75.2%②，而就全国范围来看，截至1936年，外商在上海的房地产投资占全国投资总数的76.8%③。上海绝对引领了旧中国房地产市场。

房地产业的腾达为市政建设提供了充裕的财力保证，加快了近代上海的城市化进程。同时，房地产业发展最先受益的就是建筑业。因为流向不动产投资的大量资金中，相当一部分用于购买建筑材料，营造新建筑。从20世纪20—30年代上海营造厂数量骤增不难想象这一时期上海建筑业的繁荣景象。（图1-7）

频繁的地产交易，导致土地区域性功能分化，形成了明显的土地级差效应。基于商业发展和对超额利润的投机心理，即便是在地价高昂地段，为获取更大经济效益，业主也会对土地进行再开发，要求充分利用每一寸土地，不断提高建筑的功能性和形式感以满足商业社会的竞争需求，这在侧面推动着建筑技术、建筑设计的发展。例如1926年，沙逊集团决定投资5602813两在上海地价最高地段南京东路与外滩交叉口，兴建当时最为时尚豪华的沙逊大厦。这种情况下，上海的标志性建筑一换再换，建筑形式更加受到社会关注，推动着近代上海建筑设计的快速发展。而对于普通

---

① 陈正书：《上海通史》第4卷《晚清经济》，上海人民出版社1999年版，第70页。
② 《上海通志》编纂委员会：《上海通志》（第5册），上海社会科学院出版社2005年版，第3654页。
③ 张伟：《租界与近代上海房地产》，《西南交通大学学报》2002年第9期。

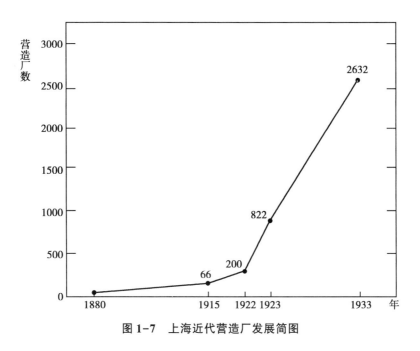

图 1-7 上海近代营造厂发展简图

住宅来说，实用、美观、省钱成为地产商投资不动产的准则，这又促使了新建筑类型——石库门建筑这一最具上海地方特色的里弄住宅的产生和发展。

在繁荣的房地产业带动下，中外建筑师大显身手，建筑设计不断推陈出新，室内设计行业也初见端倪，加之移民社会人们的价值观念开始发生转变，这些均构成了推动近代上海室内设计发展的积极因素。

第二节 文化发展与近代上海室内设计

一 "西风东渐"的大背景

翻开历史，中西文化碰撞冲突横贯整个上海近代文化发展史。宏观考察中西文化交流，可以使我们更加清晰地认识近代上海人们价值观念和文化追求的嬗变之源。

中外文化交流源远流长，早在先秦时代所形成的仰韶文化已经影响了整个东亚地区。秦汉时期，两条丝绸之路①的开通，推动了中古时代东西方经济文化的大规模交流。这一时期，域外文化（如印度佛教）开始传入我国，融入中华文明之中，而此时丰饶的江南地区也逐渐孕育出吴越文明。到了唐代，我国经济昌达于世，是世界文化发展的中心，中外文化交流空前繁荣，基督教分支景教始入我国（635 年）。宋代，随着宋室南迁，全国重心南移，由黄河流域的中原转到长江流域的江南地区，促进了这一区域的经济文化发展，而此时的中外文化交流在唐代基础上也得到了进一步拓展。到了元朝，意大利人马可·波罗抵达中国（1275 年），在此生活17 年，他的《马可·波罗游记》是第一部向欧洲人比较全面介绍中国的著作，在欧洲激起了轩然狂涛，引发了欧洲人对东方的向往。此后的明代，随着郑和七下西洋，把以"输出"为主流的中外文化交流推向顶峰，更加提升了中国文化的"高势"态位。清初，传教士卫匡国（意大利人）抵达中国（1643 年），在江浙区域传教，他所编著的《中国新地图集》是欧洲人最早关于中国的地图专著，并且详细标明了经度和纬度。②

由上述可见，宗教活动是我国古代中西文化交流的主要途径。但随着清朝"禁教令"和"闭关锁国"政策的出台，西方文明并无法对中国社会产生深远影响。反倒使一些欧洲学者一改昔日的"中国文化赞美论"，开始对中国文化持激烈的批判态度，直接致使鸦片战争前半个多世纪中西文化交流的中断。③ 同时，"地理大发现"和"启蒙运动"对欧洲社会产生巨大影响，促使西方资产阶级逐渐崛起，并最终以爆发资产阶级革命宣告西方步入资本主义时代。

古代中国，虽有一些士大夫著书介绍西方，但在当时的情况下，多是见闻描述，不成系统，谈不上对统治阶级或精英阶层产生影响，也没有对历史带来更大作用。反而这一时期中国主流文化的"自封思想"更加稳固，对西方表现出一副冷嘲态度。1832 年英商胡米夏（Hugh Hamilton Lindsay）携副手郭士立（Charles Gutzlaff）抵达上海县城，期望与上海通商的时候，遭到了上海道台的冷遇和拒绝，胡米夏等人还因上海道台称其

---

① 一条是由中原地区经中亚、西亚延伸到欧洲的路上通道；另一条是由东南沿海经南海至印度洋，并可间接延伸到欧洲的海上通道。

② 苏智良主编：《上海城区史》，学林出版社 2011 年版，第 607 页。

③ 于桂芬：《西风东渐：中日摄取西方文化的比较研究》，商务印书馆 2001 年版，第108 页。

为"夷人"这一带有蔑视的称谓而恼火抗议。① 在中国"故步自封"的同时，为开拓市场，西方列强加快了全球殖民扩张，也正是在此时，就世界文化发展来说，中国原本"高势"的文化地位被更为进步的西方工业文明所取代。

清晚期，鸦片战争的失败，可谓"千古创局"，文化思想界开始深刻自省。清廷在中法战争、中日战争中节节败退，使"中国中心论"彻底破灭。近代中国的精英阶层最终做出向西方学习的选择：从魏源（1794—1857）的"师夷长技"到张之洞（1837—1909）的"中体西用"，从严复（1854—1921）的"物竞天择"到康有为（1858—1927）的"托古改制"，西方文化在器物、精神、制度层面冲击、动摇着中国传统价值观念。上海江海关大楼于1893年重建之时，由一座典型的中国传统署衙变成英式建筑和随后上海兴起的西式复古风格建筑，就是"西学"首先在器物层面改变传统思想的佐证。（图1-8）

图1-8 1893年重建后的江海关大楼

注：照片拍摄于1890年代中期。中间建筑为重建后的江海关大楼，带有维多利亚时期哥特复兴式建筑风格特征，左侧为汇丰银行，右侧为德华银行（1919年由交通银行接管），建筑风格尚属于殖民地式。此外，海关大楼前部还能看出有中式传统房屋，但窗户设计已经完全采用西式风格。

20世纪初，中国学习西方的热情有增无减，大批留学生漂洋海外，

---

① 参见唐振常主编《上海史》，上海人民出版社1989年版，第113—122页。

主动吸取西方文化的精华，致力于缩小中国与西方列强的差距和民族振兴。以孙中山（1866—1925）为首的革命派苦心钻研西学，面向社会大力倡导西方文化，投身实践，终在制度层面改变了中国历史。此时，在建筑领域，中国近代第一位建筑家张锳绪（1876—?）按照西法撰写了中国第一部建筑学专著《建筑新法》，向国人全面介绍了西方科学的建筑方法。[①] 而活跃在上海的我国第一代建筑师也多系留洋归来，他们投身实践，主张塑造新的时代精神，为促进上海建筑科学、建筑艺术发展做出了卓越贡献。这些均是"西风东渐"在近代中国建筑文化领域的直接反映。

20世纪二三十年代，历经"新文化运动"启蒙后，随着民族意识觉醒，精英阶层展开了一场"东西文化论争"，有主张调和，有主张批判，但其实际上是对19世纪中叶以来国人摄取西方文化的阶段性总结。标志着中国人在学习西方文明的道路上已经摆脱了简单的"器物模仿"和"制度移植"阶段，开始从理性高度探讨中西文明的优劣，以制定文明移植的新战略。[②] 这一阶段的论争对中国思想界吸取西方文化产生了重大影响，反映在建筑思潮上则是倡导传统复兴，强调"中国固有形式"，华人建筑师开始在现代文明基础上对民族传统文化复兴展开探索。近代上海依托于"大上海计划"兴建的一些建筑及其室内设计无疑反映着这股思潮。（图1-9）

图1-9 "大上海计划"中兴建的上海市政府大楼（图左）和上海博物馆（图右）

---

① 赖德霖：《中国近代建筑史研究》，清华大学出版社2007年版，第183页。

② 于桂芬：《西风东渐：中日摄取西方文化的比较研究》，商务印书馆2001年版，第283页。

在中外文化交流史视野下，可以说近代以前中西文化交流主要是以宗教传播为目的，夹杂着西学引入，西方文化对中国社会的影响甚微，中国文化基本处于"高势"态位，有相当的优越性，文化交流以"东学西传"为主。但随着西方工业文明和资本主义崛起，封建旧中国被强行卷入世界殖民史。当西方文化随着列强的殖民侵略再次登陆中国时，与传统文化产生了激烈碰撞，掀起一阵狂风。而此时的上海，不但在经济上起着连接世界的作用，也是"西风"吹入中华大地的主要窗口。随着时代演进，源起不同的异质文化为适应上海特有的社会环境，在冲突中相互融合，最终形成了一种不同以往的文化体系。"西风东渐"致使风气初开，国人的价值观念悄然改变，直接影响着人们的社会生活和风俗面貌的改观，上海室内设计也开始进入一个全新的发展历程。

二 文化发展对室内设计的影响

上海在近代以前，虽然出现了像徐光启这样颇具影响的开明士大夫，但就整体文化而言，还没有形成自身的特质，广义来讲，尚属江南地区的吴越文化圈。江南地区山川秀美、人杰地灵，经过长期的发展演变，形成了开放包容、自由活跃等特点。[①] 在近代中国"西风东渐"大背景下，身处中外联系前沿的上海，不但是中国经济的增长源，也是西方文明直接进入我国的窗口，成为东西文明碰撞、冲突、交融的集中点。特定的时代背景和文化品格，使上海在我国近代思想文化发展过程中，始终保持着接纳新知的开明状态，并逐步孕育出自身特有的文化气质。

早在开埠之前，当西器被封建思想嗤以"奇技淫巧"之时，上海街头则有商铺打着出售洋货的旗号"以壮观瞻"。而英商胡米夏 1832 年初到上海时，对本地人也曾有过这样的印象：

> 这些淳朴的人们还是生平第一次见到欧洲人，其友好的举止超过我们以往任何所见。而且由于没有政府官员在场，人们自然而然发自内心的友好举动不受任何人为的限制。许多小贩看到我们喜欢杏子都

---

① 参见景遐东《江南文化传统的形成及其主要特征》，《浙江师范大学学报》（社会科学版）2006 年第 8 期。

向我们围来，纷纷把他们所能拣出最好的杏子向我们兜售。①

这些足以显示出当时民间对西洋物品的推崇和商业性思维。显然，上海人的"友好"和稳固的商业文化是西人坚持把上海作为开放港口的缘由之一，也正是其"友好"，即便有异质文化冲突，至少在民间也不至于遭到完全排挤。这恐怕也是近代上海能开风气之先的心理根源。

一般讲，文化思想的改变，首先建立在物质文明进步之上。开埠以后，随着租界实体确立，西方文明开始大量被输入到上海，为世人所见。我们不妨粗略浏览下西方物质文明是如何一步步进入近代上海的。

1850年，上海出现了近代第一条马路"派克弄"（今南京东路，1852年此路被修筑成上海第一条柏油路），近代化市政建设随之产生；同年，中国历史上第一份外文报纸《北华捷报》（*North China Herald*）在上海创刊，加速了西方文化的传播。1852年，传教士范廷佐在徐汇土山湾创办一所教授西洋绘画和雕塑的宗教美术学校，可谓中国近现代美术教育、设计艺术发展的源头。1854年，租界成立市政委员会（即工部局），是上海乃至中国境内第一个市政管理机构，上海随即进入现代化城市管理阶段。1865年，南京路上亮起了第一批煤气灯，上海"不夜城"之名自此传遍大江南北；同年，英人架设了上海至吴淞的第一条陆路电线，几年后，大北电报公司铺设了上海第一条海底电缆（1871年），使上海与外界的联系更为密切。1878年，上海亮起了中国历史上第一盏电灯，传统的照明方式被彻底改变。1883年，白炽灯便作为路灯照亮整条南京路，也是这一年，租界里的居民第一次喝上了自来水。1875年贝尔发明电话不久，电话就被作为一种游戏器具出现在上海滩。1882年，大北电报公司在外滩成立电话局，架设中国第一部公用电话，此举有效加速了上海的信息交流和商业发展，电话随后也成为人们日常生活中常用的通信工具。1901年，匈牙利人李思时将汽车带入上海，决定着近代上海交通工具的革命性发展，也致使市政建设日益成为上海城市发展的主要内容。1908年，上海第一辆有轨电车在公共租界通车。1911年，上海人第一次看到了飞机表演。1914年，第一辆无轨电车通车……

---

① ［英］胡米夏：《"阿美士德号" 1832年上海之行记事》，张忠民译，载洪泽主编《上海研究论丛》第2辑，上海社会科学院出版社1989年版，第280页。

　　西方文明不断输入，导致上海日新月异，封建末期的社会动荡和大量难民的惊恐状况使鸦片战争带来的愤怒逐渐淡化，引起了上海人对西方文化总体观念的根本改变，由"初则惊异"演变为"继而羡，后而效"。在这个过程中，租界的作用不言而喻。但若从文化根源寻找理据，我们不难发现，其实吴越文化本身就是在不断的冲突交融中逐步形成的，而且由于地缘因素，一直呈现出与封建统治阶级所推崇的正统思想既保持关联，又不完全受其控制的发展态势。加上务实的商业性思维，西方文化并不会被上海拒之门外。这也是上海文化发展能引领近代中国"西风"之先的文化根源。

　　近代上海在面向世界的同时，像一个强大的磁场，吸引着各界有志之士，他们利用这里特有的环境资源，发挥才能，引领近代中国各项事业的发展潮流。诸如著名文学家鲁迅、巴金、茅盾等，著名戏曲家梅兰芳、周信芳等，著名建筑师梁思成、吕彦直、庄俊等，这些响当当的人物都曾荟萃于此，或宣扬新知，或崭露头角；又如美国哲学家杜威、英国哲学家罗素、大科学家爱因斯坦、诗人泰戈尔、戏剧大师卓别林等一些享誉世界的西方知名人士也曾在此游历讲学。不仅如此，一些全国性的专业组织也选择在这里成立：1915 年，中华医学会在上海成立；1927 年，中国建筑师学会在这里成立；[①] 1931 年，中国工程师学会总会在这里设立[②]……上海以其特有的包容性成为近代中国各类精英思想萌发的温室和投身实践的舞台，当之无愧地引领了近代中国文化发展潮流，也不折不扣地成为近代中国的文化中心。

　　上海能成为中国的文化中心，也得益于文化市场的兴旺。据统计，1936 年上海出版的图书数量占全国总量的 90% 以上。[③] 从质量上看，凡影响较大、带有开创意义的，几乎都在上海出版。[④] 如近代中国最重要的一本室内设计专业书籍——《现代家庭装饰》，就是由上海大东书局在 1933

---

　　① 初名为"上海建筑师学会"，1928 年更名为"中国建筑师学会"，第一届会长为庄俊。

　　② 中国工程师学会是由 1913 年成立的中华工程师学会和 1918 年成立的中国工程会合并而成，总会在南京成立，会址暂设上海。在其历史沿革中，上海一直是组织活动的主要城市之一。

　　③ 熊月之、周武主编：《上海：一座现代化都市的编年史》，上海书店出版社 2007 年版，第 381 页。

　　④ 上海市档案馆编：《上海和横滨——近代亚洲两个开放城市》，华东师范大学出版社 1997 年版，第 359 页。

年刊行的，对我国室内设计发展有不可估量的促进作用。而近代中国建筑界最具影响力的两份专业期刊《中国建筑》（1931 年 11 月创刊）与《建筑月刊》（1932 年 11 月创刊）亦发端于此。这两份专业期刊对扩大城市建筑影响力，推动上海建筑与室内设计发展均起到了巨大作用。此外，诸如《良友》《永安月刊》《美术生活》等在上海刊行的一些文娱画报，也会有文章或图片宣扬新式住宅或室内设计，对促进近代上海室内设计发展同样起到了积极作用。（图 1-10）

图 1-10　近代上海出版的室内设计相关刊物

近代上海的文化发展显然与开放格局和商品经济有着密切关联。一方面，开放环境下，异质文化带来的冲击虽使上海洋风很盛，但也并非盲从或停滞不前，而是在碰撞交融中逐渐形成了海纳百川、兼容并包的文化品质——这在近代中国城市文化发展领域首屈一指。另一方面，上海的文化市场多为私人投资，自然以盈利为目的，而商业社会的激烈竞争在促进文化市场繁荣的同时，也带动着文化消费的发展，推动了近代美术设计行业的起步，侧面影响着近代上海室内设计作为专业设计门类的萌生与发展。

文化发展引领人们的观念发生转变，也影响着人们生活方式的改变。衣、食、住、行在近代上海均发生着强烈变化。上海时装潮流跌宕，洋餐土菜大开胃口，城市色彩丰富起来，都市生活活跃起来，与此对应的伦理价值和社会风俗也在潜移默化地改变着，呈现出"新"与"旧"、"洋"与"土"并存的特征。加之上海文化开放、信息灵通，各种来自西方的潮流文化可以迅速传播至此，这为近代上海室内设计风格多元发展提供了充足的文化养分。

三 近代上海室内设计的文化意识

俗话说"一方水土养一方人"，不同地域有着不同的文化追求。身处中西文明联结地的上海，"五方杂处"的社会现实使其文化发展势必受到不同文化的深刻影响，梳理近代上海普遍存在的文化观念有助于我们认清近代上海室内设计发展中潜在的文化意识。

传统建筑文化的延续

中国传统文化博大精深，源远流长，在其漫长的发展过程中，始终保持着贯古通今的延续性，即便是到了现代，也从未出现过衰微的局面。中国传统建筑文化在绵延数千年的流变过程中，其哲学内涵、审美情趣不可避免地受到中国传统思想的影响。近代上海，租界可谓播种在中国大地中的一朵奇葩，成为异域文明的代表。但这并不意味着传统文化在上海就烟消云散，大量的建筑活动还多是在中国传统建筑文化支配下进行的。尤其是对与人们日常生活联系更加紧密的室内设计而言，传统文化的影响更为深刻。我们简要梳理一下影响中国传统建筑室内设计发展的主要思想源流。

首先，"物以载道"的自然观决定着"择木"是中国传统建筑文化的基础。中国传统文化中有自然天道观，主张人应顺应自然，顺应规律，与天地万物和谐共生，这种哲学观念在精神层面带有崇尚自然、尊重生命的色彩。而我国古代的五行学说认为金、木、水、火、土是构成宇宙万物的本原，其中的"木"包含了所有的草木植物，它入阴而生，向阳而长，代表着四季中的春，被比拟为旺盛的自然生命力和阴阳调和之物。"木"在我国传统文化中也有神圣的象征意义，如《论语·八佾》有这样的记载："哀公问社于宰我。宰我对曰：夏后氏以松，殷人以柏，周人以栗，曰使民战栗。"先民立社，以木敬之，木成了让人敬仰、拜祭的偶像，木有了生命，也就有了人性化特点。中国文化认为"人为万物之灵"，人的居所自然需要有相应的材料予以配合，所以"择木"也就成为中国传统建筑文化发展的必然。从木构架，到木雕饰，无不体现着中国人对木的崇爱。甚至民间传统建筑装饰纹样不论材质如何，也多以采集天地之气的"草木"为摹本，或配以鸟兽虫鱼，或配以四时之景，传达出对自然、生命的尊重和向往。

其次，"藏礼于器"决定了中国传统建筑文化的价值追求。礼制文化是我国古代传统文化结构中的一个重要体系，不仅反映在礼乐生活、纲常伦理方面，与中国传统建筑也一直保持着密切的同构关系。《礼记·礼器》有云："先王之立礼也，有本有文。忠信，礼之本也；义理，礼之文也。无本不立，无文不行。……礼有以多为贵者：天子七庙，诸侯五，大夫三，士一。……此以多为贵也。……有以大为贵者：宫室之量，器皿之度，棺椁之厚，丘封之大。此以大为贵也。……有以高为贵者：天子之堂九尺，诸侯七尺，大夫五尺，士三尺。天子诸侯台门。此以高为贵也。"①这里所说的"义理"是指具体准则、观念，被广泛应用于社会生活上，②非后世所讲的"义理之学"；而"文"则有条文、纹饰的意思，意指准则的具体做法。《礼器》中的记述反映出儒家思想所主张的社会等级秩序，指出"文"作为具体做法，是构成"礼"的必要因素，并且还以建筑为例明确指出礼制下的"贵"，而我国素有以贵为美的追求。从这种思想出发，我们便不难理解中国传统建筑通过各种制度手段体现等级尊卑的文化根源，也能体味到即便是礼制思想随着封建制度瓦解而消弭，但借文表贵、求贵求美的做法，在近代中国传统建筑文化发展中依然有着深刻根基的思想根源。

再次，"和谐中庸"思想深刻影响着中国传统建筑的设计实践。在以农为本的中国古代，人们顺应自然节律，逐步孕育出务实调和的中庸思想。在儒家看来，中庸就是"恒常不易""不偏不倚"。若转化为实践性方法论，则是依靠秩序来维护内部协调统一，求中求和。例如在我国传统建筑中，人们通常将室内环境的中心位置视为体现价值追求的重点，围绕它来展开室内设计，多采用求中、对称、均衡的手法。孔子曾说"质胜文则野，文胜质则史，文质彬彬，然后君子"。孔子在这里虽然是说人格修养，但这种折中调和的观念深深影响着中国传统建筑装饰文化——过于质朴则显得粗俗，过于纹饰则显得流于表面。在这种思想引导下的中国传统建筑设计，所追求的也必然是装饰与功能的和谐统一。

---

① 钱玄等注：《礼记》，岳麓书社2001年版，第315—320页。
② 参见王小亭《"义理"、"考据"辨》，《北京大学学报》（哲学社会科学版）2011年第5期。

　　此外,"雅俗共赏"的审美追求深刻影响着中国传统建筑装饰设计。春秋战国时期,随着世卿世禄制度瓦解和文化下移,具有后世文人意味的"士"阶层开始兴起;到了魏晋南北朝,不同集团之间或集团内部的激烈斗争使这些门阀之外的士人多不得志,他们开始追求洁身自好、淡薄宁静的隐逸生活,逐渐形成了超然清正、陶然雅致的风雅文化,是一种境界上的追求。而世俗文化则是人们为了适应生活环境而形成的普遍性社会现象,是一种不求其然的愿望表达。如果说"雅"是主观人为的审美追求,那么"俗"就是约定俗成的审美习惯。封建末期,随着城市在社会组织中的影响越来越大,文人也多生活于繁华都市,混杂于市井之中,风雅文化与世俗文化有了更加紧密的联系,开始相互交织,互为影响。"俗"可以存在于"雅"之中,"雅"也不会因为"俗"而失去自我。比如,中式建筑常用的倒挂蝙蝠、瓶插三戟、佛八宝、暗八仙等装饰语言所反映的是借物托意、祈求祥和的世俗愿望;而借铭文字画隐喻人生、颂扬品德的装饰语言则是象征对文化品性的追求,带有一丝雅致情怀。这些装饰手法均会被广泛融于中国传统建筑室内装饰设计之中。可以说"雅俗共赏"是我国传统建筑室内设计普遍存在的审美追求。

"不自觉"的文化选择

　　历史上,宗教文化一直支配着西方古代文明。14世纪开始的文艺复兴运动动摇了宗教在人们精神领域的统治地位,为西方近现代文明发展铺平了道路。16世纪中叶,欧洲爆发"宗教改革运动",沉重打击了由教会所主导的封建政治体系,促进了欧洲近代民族国家的成长。随之而来的"三十年战争"(1618—1648)进一步巩固了欧洲民族国家的形成和发展,并最终开创了欧洲政治新格局。这个过程中,以中央集权的专制手段结束战争引发的混乱局面成为众心所望,由此导致国王的权力空前强大,也预示以君主领导的宫廷文化即将成为欧洲文化的主流。与此同时,欧洲的资产阶级日益崛起,也产生了依靠经济力量提升社会地位的新贵阶层,虽然他们有自己的文化主张,但整体来讲,联姻宫廷文化依然是近代西方文化发展的主脉。

　　17世纪中叶开始,法国成为欧洲最强大的国家,它的文化发展影响着整个欧洲。路易十四(Louis XIV,1638—1715)自称"太阳王",他想方设法加强封建贵族对国王的依附,使这些贵族明白一切特权与利益全靠"太阳王"的分配,并积极推行文化控制策略以进一步巩固王权,于是形成了以颂扬君权为主的宫廷文化。而此时的贵族阶层，为博得国王宠爱，也是极力依附、效仿宫廷文化。当时的宫廷文化喜欢谈论伟大人物的伟大事迹，偏爱富丽堂皇的排场和绚烂装饰，17世纪后期的凡尔赛宫就是典型代表。

欧洲历史上，路易十四恐怕是第一个靠艺术树立个人权威形象的君主，当时法国的宫廷建筑师和皇家建筑学院（1671年成立）院士只许为国王工作，不得接受宫廷之外的委托。[①] 在他的宫殿里，雕像、战利品、黄金、宝石、纹章，以及各式各样的复杂装饰充斥着整个室内空间，个人巨幅肖像随处可见，使得每一个到宫廷的人都能产生敬畏之感，体现出一种君权专制下的"伟大风格"。由于路易十四极力推崇专制政体，他所统治下的法国自比声名显赫的古罗马帝国，这使得古典主义成为17世纪下半叶法国文化艺术的总潮流，当时的皇家建筑学院就专门培养迎合国王喜好的古典主义艺术家。可以说，17世纪末至18世纪初以法国为代表的西方主流建筑文化是借古典主义来体现权力、秩序、传统的宫廷文化。

17世纪末，英国通过"光荣革命"确立了资产阶级君主立宪制政体，并借助"工业革命"逐步发展成欧洲最强大的国家。虽然资产阶级日益壮大，但英国的贵族阶层并没有因此而衰亡，反而逐渐演化出资产阶级新贵族。尤其是在18—19世纪，资产阶级贵族化，贵族资产阶级化是英国社会内部结构流动的一大特点，这对欧洲贵族文化向下传播起着重要作用。这一时期，英国的资本主义发展和殖民统治使得资产阶级积累了大量财富，人数逐渐增多，资产阶级文化发展也是成果斐然。但即使如此，甚至到了20世纪初，成为贵族依旧是英国民众普遍追求的梦想，即便成不了贵族，也会对其怀有敬仰之情。

发轫于12世纪的欧洲贵族阶层在西方传统文化中是美德与智慧的象征，领导制约着市民阶层，是特权的享有者，是与王权相关的利益集团，也是社会追随的目标。英国历史上，贵族阶层具有严格的等级制度，但宽泛来讲，所有阶层的贵族都可以被称为"绅士"，他们所坚守的文化被称为绅士文化——体现着荣誉、尊严、传统、闲暇生活和绅士形象等。此外，在与王权的长期共存中，英国的贵族阶层养成了保守心态，逐渐形成

---

① 陈志华：《外国建筑史（19世纪末以前）》，中国建筑工业出版社2004年版，第189页。

英国文化所特有的一种保守主义。它的一个重要特征，就是对历史和传统的尊重，甚至英国著名保守主义理论家柏克（Edmund Burke，1729—1797）认为即便是在殖民地，英国的统治阶层也应该对当地的习俗与传统表示适当的尊重，① 这使得各种古典艺术一直是英国贵族阶层所偏爱的文化追求。

通过以上简要梳理，我们便不难理解，近代上海租界在经过一定时期的财富积累后，西式复古建筑风格依然保有活力的思想根源。因为初到上海的西方殖民者多为新兴资产阶级和淘金冒险家，多数在本国并不得意，而异乡优越的社会地位使他们在本质上并没有推动上海建筑文化发展的意愿和责任。相反，在得到期望的财富和荣誉后，依靠古典文化体现自身的权势和"贵族"形象，是这些西方殖民者获得成功后顺理成章的思维模式。而针对近代上海华人社会对西式建筑风格的趋附，除了"西风东渐"的影响外，更多的是一种"低势"文化向"高势"文化靠拢的结果。对此，陈志华教授曾做过经典总结：

> 所有的民族和地区，发展总是不平衡的，每当两个不同民族和地区的文化接触时，它们总有一个比较先进，一个比较落后。于是，它们之间就有矛盾，有斗争。只要这种接触是经常的、大量的而不是偶然的，斗争的结果，一般总是比较先进的文化压倒比较落后的文化。于是，比较落后而又正向先进民族迅速接近的民族，就会基本上失去自己传统的文化，接受先进民族的文化。它的传统文化，也会作为一种因素，或者甚至很重要的因素渗透到外来文化里去，使它带有新的民族色彩，但传统文化却不可能平等地存在下去。这倒并不意味着比较先进的文化一定在各个方面都高于比较落后的。文化各领域所达到的水平，并不总是与社会发展的水平一致。所以，历史上也会有某个民族的已经达到很高水平的某个文化领域发生严重衰退的现象。②

消费文化引导下的"海派文化"与"摩登文化"

20世纪20年代以来，上海的文化发展还有两个关键词："海派"与

---

① 陈晓律：《英国保守主义的内涵及其现代解释》，《南京大学学报》2001年第3期。
② 陈志华：《外国建筑史（19世纪末以前）》，中国建筑工业出版社2004年版，第185页。

"摩登"。这两种文化潮流对上海近代室内设计发展有重要的影响意义。

提及"海派"，近代上海的绘画和戏曲是不得不顾及的艺术领域，坊间学者多是以此作为海派文化的滥觞。清末，大批画家携艺蛰居上海，卖画谋生，上海随即成为江南地区的绘画艺术中心。其中一些画家受到商品经济和都市新风的影响，画风不落窠臼，逐渐形成别具一格的艺术风貌，这一群体被称为"海上画派"，简称"海派"。俞剑华在 1937 年出版的《中国绘画史》中以"生计所迫，不得不稍投时好，以博润资，画品遂不免日流于俗浊"①来描述海派绘画的成因，这也反映出海派风格贴合时代、源自生活的原生土壤。"海派"的另一起源则是来自近代上海戏曲界。晚清出现的"海派京剧"是相对"正统京剧"而言的，是传统戏剧受到西洋戏剧的影响并做出主动革新，以突破传统、贴近大众为特点，更加具有活力，是中与西、新与旧的糅合。滥觞于绘画和戏曲的海派风格，很快蔓延至文学、电影等文艺领域，对社会风尚、生活方式也影响颇深，久而久之，便形成了上海特有的务实、兼容、求新的海派文化。

"摩登"一词出现在 20 世纪 20 年代末。1934 年，《申报月刊》第 3 卷第 3 号"新词源"专栏中曾有过详细诠释。作为当时广泛流行的词语，"摩登"一词是英文"modern"的音译，具有"现代"或"最新"的含义，"为最新式而不落伍之谓"。"摩登"一词与之前存在的词语"时髦"在词义上有很大的重叠，但又不完全相同。20 世纪二三十年代，"摩登"所指的不是一般的时髦，而是更为密切地追随西方潮流，暗示着和西方的关联，带有很强的外来意味。同时，"摩登"与现代化的意义勾连，也满足了时髦男女与西方、时代同步的想象②。尤其是到了 30 年代，"摩登"作为新事物和现代化的代名词迅速流行开来，人们对之趋之若鹜，甚至"摩登"文化成为旧上海都市文化的历史记忆。

"海派文化"与"摩登文化"作为近代上海地域文化的主要代表，其影响可谓方方面面，满地开花。虽然近代文化艺术界并没有用"海

---

① 俞剑华：《中国绘画史》（下册），上海书店出版社 1984 年版，第 196 页。

② 张勇：《"摩登"考辨——1930 年代上海文化关键词之一》，《中国现代文学研究丛刊》2007 年第 12 期。

派"或"摩登"直接冠称设计艺术，但相同的社会环境和文化土壤孕育了同样的审美追求，这些在近代上海室内设计发展中均有所体现。那么，上海为什么会形成如此的文化特色，它又是怎样影响室内设计发展的呢？

如前文所述，商业化是近代上海崛起的根本。到了 20 世纪初，上海不仅是我国的经济中心，也已经成为亚洲商业最发达的城市之一，其经济繁荣程度令世人瞩目。财富的积累把上海带入到一个新阶段，社会开始从生产型向消费型转变。这一时期，消费的重要性日益突出，加之封建制度消亡，更加促使人们在消费上追求平等，追求多样。

在鲍德里亚（Jean Baudrillard，1929-2007）看来，消费是一种建立关系的主动模式，是一种系统性活动的模式，是一种全面性的回应，在它之上，建立了文化体系的整体；当物品变成了系统中的符号，也就是作为外在意义指涉的关系，就构成了消费关系，才能成为消费对象。依照鲍德里亚的观点，消费的对象并非物质性的物品和产品，而是关系本身，它的意义在于一种符号的系统化操控活动①。换句话说，消费不再是物的消费，而是符号的消费，对符号的追求超越了对物的功能追求。符号一旦形成，社会也完全可以使之再功能化，将它视为实用物品。这种"符号—物"的关系，又将被作为一种消费关系成为消费对象，存在于人们的生活方式之中。这一再功能化有赖于第二语言存在，它完全不同于最初的功能化。② 例如作为消费符号的某种艺术风格在设计语言中成为人们追捧的潮流，而这种艺术风格有可能已经背离了其原本产生的目的。

马克思曾说："消费创造出生产动力，它也创造出生产中作为决定目的的东西而发生作用的对象。……消费在观念上提出生产的对象，作为内心的意象、作为需要、作为动力和目的。消费创造出还是在主观形式上的生产对象。"③ 由此可见，消费不仅是生产的目的，也是推动观念需求而引发再生产的动机。若以文化学的视角来看，消费不仅是人们追求平衡的心理动机，也是文化再生产的动机，同时又是促进观念变异和文化求新的

---

① 参见［法］布西亚《物体系》，林志明译，上海人民出版社 2001 年版，第 222—224 页。
② ［法］罗兰·巴尔特：《符号学原理》，王东亮等译，三联书店 1999 版，第 32 页。
③ 《马克思恩格斯选集》第 2 卷，转引自李新家《消费经济学》，中国社会科学出版社 2007 年版，第 60 页。

动力之一。这样我们就可以说，繁荣的商品经济背景下，消费文化[①]的发展是催生上海特有文化产生的根本动因。（图1-11左）

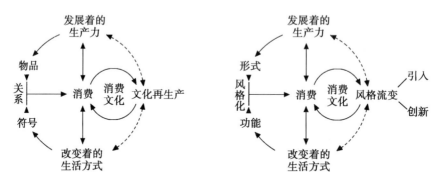

图1-11　消费文化系统示意图

　　一般来说，消费的示范效应是消费需求变化的影响和制约因素之一。[②]近代上海，崇奢享乐之风盛行，为获得群体身份认同，攀附、比较的消费心理在人们日常生活中极为活跃。生产力发展促使近代上海消费文化蓬勃兴起，而消费心理的改变，又使得消费的象征意义凸显，消费符号化成为此时消费文化的一个重要特征。换言之，就是人们在消费时，刻意追求的不是物品的实用价值，而是它的符号价值（即意义）。而符号消费的目的，就是寻求差异化。[③] 这种环境下，象征型消费便有机会超越价值本身成为了人们追逐的对象。这样我们便能理解在经济发达的上海，由于消费文化的差异化追求导致人们对"摩登"文化的追捧，使得各种成熟于西方社会的文化艺术能够作为消费对象存在于本土文化发展之中，甚至成为

---

　　① 在迈克·费瑟斯通看来，"消费文化"具有双层含义：首先，就经济的文化维度而言，符号化过程与物质产品的使用，体现的不仅是使用价值，而且还扮演着"沟通者"的角色；其次，在文化产品的经济方面，文化产品与商品的供给、需求、资本积累、竞争及垄断等市场原则一起，运作于生活方式领域之中。由此可见，消费文化是一种生活方式的反映，强调了文化的商品性及其商业结构化原则。参见［英］费瑟斯通（M. Featherstone）《消费文化与后现代主义》，刘精明译，译林出版社2000年版，第123页。

　　② 张东刚：《消费需求变动与近代中国经济增长》，《北京大学学报》（哲学社会科学版）2004年第5期。

　　③ 黄波：《鲍德里亚符号消费理论评述》，《青海师范大学学报》（哲学社会科学版）2007年第5期。

左右近代上海文化艺术发展的内在缘由。

参照上述观点，如果说功能和形式是室内设计中的产品，那风格化就是功能和形式统一的外化关系，即室内设计的文化语言。一旦这种外化关系形成独立的语言结构，它就可以成为一种符号物品存在于不同的消费文化当中。这样我们也能理解近代上海室内设计风格流变与消费文化之间的动因关联。可以说，消费文化的发展是推动近代上海室内设计文化发展的重要动力。（图1-11右）

第三节 观念转变与近代上海室内设计

一 商业社会价值观念对室内设计的影响

近代上海在商品经济土壤里和"欧风美雨"下逐渐成长起来。为适应时代发展，人们都在迎合"西学东渐""西学中化""中学新化"的移植、改造过程。在这个过程中，各种"亦中亦西""不中不西"的文化观念一直笼罩着上海人的精神生活。无论是寓居于此的外侨，还是长期生活在这里的华人，在这个"五方合处"的近代社会，其原本的价值观念和处世心态都被溶解改变着，逐渐形成了极具功利色彩的社会心理。

外侨"炫耀式"消费心理

开埠以来，外侨人数一直仅占上海总人口的极少部分，但由于条约制度的保护，这极少数人口却是一类享有绝对特权的人群。这些随着枪炮而来的"闯入者"，起初也只是为了二三年内发一笔财，然后离开①，那个时候，他们的寓所仅是一座四面通风的小房子。② 然而随着时代发展，租界这个既不属于西方，也不属于中国的"飞地"却成了这些"闯入者"的乐园。正如20世纪初，一个外国人所说的："外国人到上海住上几年，然后带着一笔财产离开的旧思想，现在正是抛弃它的时候了。这是我们大多数人将要永久住下去的地方。"③

---

① 乐正：《近代上海人社会心态》，上海人民出版社1991年版，第73页。
② 伍江：《上海百年建筑史：1840—1949》，同济大学出版社2008年版，第16页。
③ ［美］罗兹·墨菲：《上海——现代中国的钥匙》，上海社会科学院历史研究所编译，上海人民出版社1986年版，第13页。

在一个人口稠密的华人社会里，外侨总是以西方文明的代表自居。战争获利带来的文化上的优越感使得他们处处显出一副装威风、摆架子的姿态，正如朱自清曾说（在上海）就连西洋小孩面对中国人也会摆出老气横秋的架势。[①] 但事实情况是，他们一方面带有强烈的种族主义，鄙视华人；另一方面又不得不与华人打交道。这背后隐藏着一种极其微妙的心理。具体来说就是一种既兴奋又无奈的心理——兴奋是因他们在异乡获得了梦寐以求的财富，无奈则是需要与这么多"不相干"的人共处。这便导致产生一种"炫耀式"消费心理，通过物质享受平衡自己内心的矛盾，而对高品质生活环境的过度追求也是满足这种矛盾内心的真实写照。例如1861 年冯申之先生与友人去英商惇裕洋行参观时记述道：

> 其楼广且洁，柂以牛皮画障，真净无纤尘，其客坐中，满铺氍毹，炉火方炽，炉皆依壁，铁构莹然。文石桌椅床榻，无不美丽奇巧，……陈设铜磁各皿，并灿烂夺目。大镜光照一室，四壁挂洋画，其人物生动如真，琉璃擎灯饰以涂金，不一其制。[②]

外侨寓所的豪华环境竟使得这位清末进士不忍舍去。继而他又去保仁洋行，见其马厩亦有玻璃窗户，垩墙绿壁，马皆有衣，可谓奢侈不已。又如近代上海著名富商嘉道理（Elly Kadoorie）的私宅（1924 年），建设耗资过百万两，而当时上海一个男性技术工人一年的工资不过 50 两。此宅一建成便声名远播，被人们称为"大理石大厦"。再如闻名沪上的马勒别墅，其主人艾瑞克·马勒（Eric Moller）原本是一位无名的英国"冒险家"，靠赌马赢得了事业上的第一桶金。发财以后，他竟然按照女儿的一个梦境投资兴建了自己的住宅。这座建筑外观形体复杂，像北欧童话中的房子，共有大小房间 106 处，[③] 功能极其复杂，室内到处是柚木护壁，精致豪华。由于马勒是靠赌马起家，船运致富，其室内设计也刻意模仿了豪华游轮的形式。（图 1-12、图 1-13）

---

① 参见朱自清《白种人——上帝的骄子》，载自倪墨炎选编《浪淘沙——名人笔下的老上海》，北京出版社 1998 年版，第 90—93 页。

② 上海人民出版社编：《清代日记汇抄》，上海人民出版社 1982 版，第 285 页。

③ 上海地方志办公室编著：《上海名建筑志》，上海社会科学院出版社 2005 年版，第 449 页。

图1-12 马勒别墅建筑外观(现状)

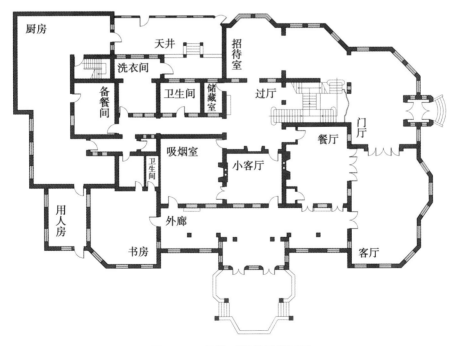

图1-13 马勒别墅首层平面图

商业社会下华人价值观念转变

以往，中国人关注的热点在仕途——通过科举博取功名，借以提高自己的社会地位。然而在商业繁盛的近代上海，思想文化在发展，社会结构在转型，国人的价值观念也随之发生转变。

清代末期，内忧外患，社会动荡，昏庸的朝廷大力推行捐纳政策，鼓励民间捐资买官以充盈国库。大量商人开始直接花钱买官，一来可以结交上流，拓展门路，二来也能受到人们尊敬，满足虚荣。这比起寒窗苦读科考功名要便捷得多。从商成了比读书求仕途更迅速、轻松的途径，更何况"士"与"商"的经济状况也相差悬殊。这样一来，大量的商人捐官，士人经商，便产生了"士商合流"的趋势，直接导致本为"四民之末"的商人的社会地位提升。加上商人们财运亨通，就连地方官府若有什么举措往往也需要他们捐资支持（当然商人也乐意出资以得到官方奖赏或舆论称赞，借此提高自己的社会声望），更加使商人的地位与日俱增。由此人们开始羡慕、趋附商人，尤其是在上海，经商成了一种大众向往的职业。这种背景下，甚至一些原本志向仕途的文人也转向商场，例如近代洋务运动的代表人物郑观应（1842—1922），就是童试未中后，干脆来到上海，走上了弃文从商、亦文亦商的道路。

商业兴盛间接导致上海的社会心态发生重大转变。以往"重义轻利"的传统观念逐渐被商人的"重利思想"所取代，加之西方列强把近代资产阶级"唯利是图"的功利价值观带给了上海人。[①] 求富、争利在上海成了理直气壮的追求，在上海谋生，就是为了赚钱为了发财，这又致使人们社交观念发生转变，对近代上海室内设计发展产生了两方面的影响：

首先，社交观念转变影响着社会评价标准，使室内装饰更加受到人们的重视。中国封建社会的人际关系崇尚"尊卑有别"，强调"礼制"。而在近代上海，随着风气渐开和商业化发展，信誉占据了社会评价的重要位置。在商业社会，最能体现实力、地位和信誉的主要标志就是财富的多寡，而财富的外化形式之一"建筑装饰"，则成为商人们彰显地位与塑造信誉的重要手段。所以一些有实力的商家不惜重金进行建筑装饰或室内装修，以装点门面。这也才有了像汇丰银行这样"从苏伊士运河到白令海峡最华贵的建筑"和"为壮观瞻"所兴建的金城银行。

---

① 乐正：《近代上海人社会心态》，上海人民出版社 1991 年版，第 55 页。

　　其次，社交观念的转变也使社交场所日渐豪华起来，成为推动近代上海室内设计发展的重要力量。中国传统的人际交往是基于情感交流的一种沟通需求，多为血缘、地缘、身份或性情间彼此交流，主要为的是情感满足、彼此互助。而近代上海人们之间的交往活动功利色彩浓厚，对利益的追求很大程度上取代了情感，甚至成为人们谋生的手段和本领。由于社交在心理上成为一种谋利手段，社交场所也开始更为人们所关注，其室内设计就变得体面起来。例如，近代上海营造厂主们每天都会到特定的茶楼，会会朋友，听听消息，聆些市面，以便为下一步开拓业务更好地决策，而当时营造商们主要光顾的福州路青莲阁茶楼属于"规格较高"的茶楼，[1] 也曾有竹枝词这样描写当年的社交场所：群英共集画楼中，异样装潢夺画工；银烛满筵灯满座，浑疑身在广寒宫。[2] 而有外侨参与的社交场所，其室内装饰更是奢华。如位于老上海静安寺路（今南京西路）的大华饭店，其设计施工极为精致，被誉为当时远东最豪华的饭店之一。饭店底层有一个宽大的大理石大厅，采用古典主义装饰风格，可容纳近千人集会或跳舞，类似的社交场所还有当年的汇中饭店、礼查饭店和后来的英国总会等。（图1-14）

图1-14　大华饭店底层大厅

　　① 上海建筑施工志编委会·编写办公室编著：《东方"巴黎"——近代上海建筑史话》，上海文化出版社1991年版，第165页。

　　② 金亚兰：《近代竹枝词转型与都市文化研究（以1872年前后为中心）》，博士学位论文，上海师范大学，2015年。

在上海这个商业繁盛的新型商埠，由商致富者层出不穷，即便是"一夜暴富"亦非不能。商品经济下，获取财富总是伴随着尽情消费，以往勤俭节约的生活理念被逐渐摒弃，社会上出现了崇奢夸富、恣意享乐的消费心理。"万钱不惜宴嘉宾""一筵破费中产人"的情况司空见惯，① 而那些富商大贾更是一掷千金，随意挥霍。在奢风盛行和外商"炫耀式"消费的示范下，一些伴随上海经济发展而逐渐崛起的新富阶层也竞相摆阔，借以显示自己在社会中的地位形象。修建豪宅成为这些新富阶层凸显地位、博取荣誉的重要手段，而奢华装饰则是他们炫耀财富、追求奢靡的另一途径。例如买办出身的徐润，其宅第"房间雕刻华丽，器皿安雅可爱"，仅用人就有 18 名；汇丰银行买办席鹿笙的私宅可谓巍峨巨厦，异常富丽，客厅分中式、西式，空间宽敞气派，内部装饰考究，各种设备一应俱全，这座豪宅还曾随着其主人同被刊登在英文版的《远东地区工商活动（1924）》一书中②；泰和洋行买办劳敬修的私宅也是装修豪华舒适，中西合璧，拥有最先进的功能。这类例子不胜枚举，足见当时这些新富阶层崇奢夸富的心理状态。（图 1-15）

享乐之风在市民阶层也很盛行，不同年龄、不同阶层都有合适的娱乐场所：青年男女、知识阶层追求时尚，喜欢电影；士绅、商人注重社交，偏爱跳舞；就连一般大众也可以去游乐场、小剧院寻求消闲。正如美国记者霍塞当年所说："在百万盏明亮的灯光之下，酒店、赌场、剧院、茶室、舞厅、歌场都挤满了顾客。"③ 而这些娱乐消闲场所的室内设计也是丰富多彩，引领着近代上海室内设计发展的潮流。

在近代上海趋附奢华、崇尚享乐的价值观念之下，人们开始竞相模仿，逐渐形成了喜新厌故、追逐时尚的社会风气，进而养成了喜欢接受新鲜事物的心理性格。甚至到了 20 世纪二三十年代，"时髦""摩登"成为上海大众普遍的价值追求。由于人们可以任意选择自己喜欢的式样，商人们开始极力推动潮流更迭以满足消费。此时人们对待室内装饰越发重视，室内设计风格作为一种消费文化，整体呈现出趋新求异的特点，客观

① 李长莉：《晚清上海社会的变迁：生活与伦理的近代化》，天津人民出版社 2002 年版，第 285 页。

② 马学强等：《出入于中西之间：近代上海买办社会生活》，上海辞书出版社 2009 年版，第 267 页。

③ ［美］霍塞：《出卖的上海滩》，纪名译，商务印书馆 1962 年版，第 199 页。

图1-15　买办私宅中的豪华装饰

注：上二图为买办席鹿笙家的西式、中式餐厅，下二图为买办劳敬修居所装修豪华的客厅。

上推动着近代上海室内设计的发展步伐。

二　"大上海计划"引领的传统复兴思潮

清末以来，国力贫弱，西方殖民者趁机入侵中国，强行获取租借地。在上海，殖民者通过各种方式屡次扩张，使租界面积远超华界，并逐渐形成"国中之国"的自治局面。依托不平等贸易发展，西人攫取大量财富，开始着手改善租界环境，使得租界面貌与华界有着天壤之别。所谓近代上海的城市繁荣也仅凸显于租界区，是一种畸形的发展态势。

随着清朝灭亡，中国进入军阀混战时期，当时的中国可谓内忧外患，民不聊生。1927年4月，南京国民政府成立，形式上完成了中国的政治统一，并于7月7日设立上海特别市，但困于时局，政府还无力收回租界。蒋介石在上海特别市成立典礼上讲到："上海特别市，非普通都市可比，中外观瞻所系，非有完备建设不可，当比租界内，更为完备，诸如卫生经济土地教育等事业，一切办得极完善，彼时外人对于收回租界，自不会有阻碍，而且亦阻止不了，上海之进步退步，关系全国盛衰。"① 于是，为抗衡、抑制租界发展，取得主权的最终统一，政府拟定新建市区。经过两年的酝酿于 1929 年 7 月正式启动"大上海计划"。②

　　在中国近代历史上，从清末的"洋务运动"到"戊戌变法"，再到"辛亥革命"，一直以来有识之士莫不想振兴中华，提倡民族复兴。20 世纪初至 20 年代，中国掀起了新文化运动，要求以理性和科学应对现实困境，主张学习西方进步文化，提倡爱国主义与民族主义。与此同时，坚守"国粹"的另一股思潮也从未消减，愈是民族危难之时，这种思想愈是强烈。"民族主义"成为这一时期中国思想文化界的一股洪流。反映在建筑领域，就是主张"中国固有形式"的传统复兴。在这种背景下实施的"大上海计划"带有强烈的民族意识。例如依托"大上海计划"兴建的第一幢重要建筑上海市府大楼（1933 年），其所有设计与监工人员，全部由华人担任，建筑外观与室内设计完全采用"中国固有之建筑式样"，建筑材料也悉用国货。可以说，在洋风不减的近代上海，是"大上海计划"引领着这一时期上海建筑文化发展的潮流，体现出建筑文化担当中国文化复兴的精神寄托。（图 1-16）

　　20 世纪 30 年代，随着民族意识觉醒和爱国主义思想深入人心，上海建筑文化发展掀起一股传统复兴潮流。借此良机，位于上海的本土建筑师开始尝试中国传统建筑文化的"传统复兴"。这是一种具有现代功能，而形式则是彻底的中国化，受西方建筑思潮影响的新形式。③ 这股思潮在文化观念上引起了接受现代建筑教育成长起来的华人建筑师对中式传统风格的再度重视，展开了对中国传统建筑文化在工业文明背景下寻求新发展的探索，也深刻影响着这一时期上海室内设计文化发展的潮流。

---

① 《国民政府代表蒋总司令训词》，《申报》1927 年 7 月 8 日。

② "大上海计划"的广义概念是指：20 世纪 20 年代末至抗日战争爆发期间，国民政府期望通过市北江湾地区的新市区建设，带动整个上海城市发展的构想。

③ 郑时龄：《上海近代建筑风格》，上海教育出版社 1999 年版，第 240 页。

图1-16 "大上海计划"——规划中的上海市中心鸟瞰图

第四节 技术革新对近代上海室内设计的影响

18世纪以前,西方建筑技术基本上仍停留在宏观经验阶段,也未形成科学体系,但伴随工业革命不断深入,机械工程、数学、物理、化学等科学取得了长足进步,给西方物质文明带来了翻天覆地的变化。在建筑领域,工程师这一新兴职业逐渐从建筑师中分离出来,加快了建筑科学发展,也使结构技术成为与风格艺术并驾齐驱的另一个发展方向,推动着西方建筑文化的革命性发展。同时,工业生产加速了城市转型和社会变革,宗教建筑对城市的影响逐渐被公共建筑所取代,以工业产品为主的新材料、新技术被大量应用在新兴建筑上,以改善生产生活需求。而在近代以前的上海,建筑营造和装饰活动多是由"水木作"工匠完成,即主要由泥工和木工组成的工程承包组织来实施。采用的是传统建造技艺:木工先立大木构架,然后安装椽望等构件,待泥瓦工完成屋面、墙体、地面工程后,再由小木作匠师进行门、窗、家具等非结构性木构件的制作安装。就施工而言,主要是靠体力劳动,建筑材料以土、木、砖、瓦、石、竹等为主,工具也是传统的尺、锯、刨、砍、凿、锤等,施工技术性主要体现在工匠的手工技艺上。可以说开埠前上海的建筑活动尚未脱离农业社会手工业劳作的范畴。

　　开埠以后，工业革命带给西方世界的种种影响逐步扩散到了上海。随着"西风东渐"浪潮推进和社会经济发展，新材料、新设备、新技术被越来越多地引入，工业生产和技术革新对建筑活动及建筑文化发展的影响越来越大，对室内设计发展也起到了积极的促进作用。

一　金属构件广泛应用于建筑领域

　　18 世纪英国的工业革命也可谓"蒸汽机与钢铁的革命"。随着冶铁技术改进，英国钢铁产量大幅提升，工程师开始在建筑领域大量使用钢铁结构，开辟了建筑形式新纪元。曾轰动一时的伦敦博览会"水晶宫"（1851年）就是一座采用钢架结构配合玻璃塑造的建筑面积达 74000 平方米的庞然大物，然而其施工却仅花费不到 9 个月的时间。[1] 它的内部空间打破了以往墙体围合的封闭感而变得开放，具有开创性意义。近代上海的第一幢钢框架结构建筑是位于南京路上的中国菜场（1889 年），其楼板和天花板由钢柱支撑，楼板系钢梁承载，屋面中央是钢框架玻璃八角形穹顶（对角约 12 米），楼梯亦为钢架结构，造型别致，可四人并行而上。整个工程钢构全重 575 吨，被当时的工部局称赞"无论从哪个角度看，该设计方案是一大成功"[2]。

　　近代初期，上海的建筑门窗还多是使用木材加工，20 世纪 20 年代前后，钢门窗开始流入上海。1919 年竣工的工部局大楼，全部采用英国进口钢窗，是上海最早大批量使用钢窗的大楼，[3] 此后大型建筑便相继采用。伴随民族工业发展，近代上海曾先后建立 20 余家钢门窗生产厂，确保了金属门窗在建筑领域的广泛使用，侧面推动着近代上海室内设计发展的现代化步伐。此外，随着电解铝技术进步，原本在欧洲十分珍贵的金属铝，其价格也一落千丈，由 1845 年的 100 美元每磅降到了 1893 年的 2 美元每磅，发展至 1945 年，铝已经成为 15 美分每磅的普通商品。[4] 由于铝具有不生锈、易加工、质感好等特点，被广泛用在了建筑领域，近代上海

---

　　① 同济大学等编著：《外国近现代建筑史》，中国建筑工业出版社 1982 年版，第 22 页。

　　② 上海建筑施工志编委会·编写办公室编著：《东方"巴黎"——近代上海建筑史话》，上海文化出版社 1991 年版，第 48 页。

　　③ 上海建筑施工志编委会编：《上海建筑施工志》，上海社会科学院出版社 1997 年版，第 366 页。

　　④ 平之：《制铝工业的发展》，《化学世界》1949 年第 6 期。

就有外商铝业有限公司（Aluminum Union Ltd.），专业销售钢精制品（即日用铝合金制品）。在此值得一提的是，金属材料在20世纪30年代的上海被视为"摩登"材料的代表，被广泛应用于室内设计和家具设计之中，百乐门（1932年）、国际饭店（1934年）等知名建筑室内装饰设计中均大量采用了金属制品，而克罗米家具（镀铬钢管家具）也是近代上海摩登人士热捧的对象。

二 玻璃改善室内环境

玻璃制造几乎是与人类文明同步演进的，考古发现，早在公元前3500年的美索不达米亚地区就已经有了类似玻璃的人造器物。① 到了罗马帝国时代，玻璃的制作技术有了新飞跃，出现了吹制、雕花、镶嵌和绞丝技术，并开始运用在建筑内部装饰上。文艺复兴时期，由威尼斯人贝罗维埃罗（Angelo Beroviero）首先发明了用水银和锡箔制造镜子的技术（1450年），能够生产大幅面的壁镜，② 这对欧洲室内设计有着重要影响，例如凡尔赛宫中的镜廊就是由483块镜片镶嵌成17面落地镜而闻名于世。到了19世纪中叶，随着燃气蓄热室玻璃融窑技术的改进，玻璃可以进行大规模工业生产。机械设备参与玻璃生产，无论是质量还是产量均比手工压延有较大改进，如前文提到的"水晶宫"一次就用掉了9.3万平方米的平板玻璃。③

我国早在春秋时期也已经掌握了玻璃制造的相关技术，但工艺创造尚不及西方发达，先进技术多为域外流传而来。中国古代，玻璃被称为璆琳、琅玕、琉琳、琉璃、玻瓈、水精、药玉等，一直被视为宝物，是奢侈品，多被用于贴身饰物、日用器物或陈设艺术品的制作上。古代一些贵胄之家也有以玻璃作为窗口装饰，但并非常见。④ 近代以前，寻常人家多是

① 出土制品的主要成分为玻砂（frit）——玻璃与石英砂的混杂，把它磨成粉末后可作涂料，也可再熔化制成玻璃。公元前500年，已经出现专业著作介绍玻砂制作技术。参见干福熹等《中国古代玻璃技术的发展》，上海科学技术出版社2005年版，第39—40页。

② 董玉库编：《西方家具集成：一部风格、品牌、设计的历史》，百花文艺出版社2012年版，第36页。

③ 左琰：《西方百年室内设计（1850—1950）》，中国建筑工业出版社2010年版，第12页。

④ 《西京杂记》卷一有记载："赵飞燕女弟居昭阳殿。……窗扉多是绿琉璃，亦皆达照，毛发不得藏焉。"说明早在西汉年间，宫殿建筑就曾采用玻璃作为窗口装饰、采光之用。

以纸蒙窗（或在窗纸上涂以豆油、芝麻油等，增加纸的透光度和韧度），稍讲究的会用窗纱或打磨好的蚌壳（亦称明瓦）作为窗棂装饰，只有钟鼎人家才会选用透光更好的玻璃材质。

近代上海，建筑上使用玻璃相对较早，当时多为进口产品。例如开埠初期，民间仍视玻璃为珍奇之物，租界里所有洋楼都镶嵌着晶莹剔透的玻璃窗，格外引人注目。时人王韬曾这样感叹道："人因号洋泾浜为'流离世界'。盖租界中华堂大厦，茶室酒楼，无不以五色玻璃为窗牖。"[1] 1882年，英商平和洋行与华商合办中国玻璃公司，开启了上海玻璃工业的序幕。发展至民国二十六年（1937），上海日用玻璃制品厂共有 40 余家。[2]伴随上海玻璃工业发展和技术提升，加之洋货倾销，玻璃的规格和质量越来越好，价格却逐渐跌落，为建筑领域普及使用玻璃制品创造了条件。

由于玻璃的透光保温效果相对更好，成为必不可少的建筑材料。这点从根本上改善着传统建筑室内空间相对昏暗的不利因素，对提升室内空间环境的舒适度有重要意义。值得一提的是，随着玻璃镶嵌技术在近代上海建筑领域的广泛使用，由彩色玻璃拼合的窗棂设计或是钢构玻璃参与室内空间界面的围合等，均成为凸显室内设计风格特征的重要手段。

三　技术改进带来的机遇

西方建筑史上，早在古罗马时代人们就已经掌握了混凝土工程技术，当时的原料是天然火山灰夹杂砾石搅拌。这种做法在中世纪一度失传，直到 18 世纪晚期又被人们发现。1824 年，英国首先生产了胶性波特兰水泥（硅酸盐水泥），为混凝土建筑技术发展提供了条件。19 世纪 60 年代，法国人发明钢筋混凝土技术并成功使用在了建筑上。之后，随着工业生产介入，钢筋混凝土技术开始在西方建筑领域普遍应用。

上海到了 19 世纪末才出现水泥制品，当时质量较好的水泥多是从英国进口，主要用于生产厨房水池。20 世纪初，上海的水泥制品种类有所增加，已经能够生产管道、隔板、桩基、楼板、楼梯踏步等；同时，混凝土技术也开始逐渐应用在建筑工程上。1902 年竣工的华俄道胜银行，其楼板采用工字钢布密肋，外包混凝土，算是上海较早采用钢骨混凝土结构

---

① （清）王韬：《瀛壖杂志》，上海古籍出版社 1989 年版，第 115 页。

② 贺贤稷主编：《上海轻工业志》，上海社会科学院出版社 1996 年版，第 284 页。

的建筑。而建于 1908 年的上海华洋德律风公司大楼，是上海乃至中国第一座完全采用钢筋混凝土框架结构的建筑。[①] 大楼高 6 层，带有地下室，由协泰洋行负责结构计算，姚新记营造厂承建。此后，钢筋混凝土结构便成为上海近代建筑最主要结构形式之一。

作为新材料、新技术，钢筋混凝土比传统建造使用的木材和砖石有着无比的优势，甚至决定了现代建筑的发展轨迹。它的广泛应用不仅推动了建筑技术、建筑文化发展，也为室内设计发展创造了机遇：

首先，建筑形态可以更加自由合理，这为建筑空间突破传统奠定了基础。

其次，建筑体量可以向上拓展，大范围扩充了建筑空间面积，提升了室内设计在建筑设计中的重要性。上海近代初期使用钢筋混凝土结构的楼房多为六七层，但到了 20 世纪 30 年代，高层建筑相继拔地而起。例如1934 年落成的国际饭店，高达近 84 米，建筑面积近 16000 平方米。若没有先进技术和设备，在人口密集的近代城市建立如此体量的建筑物，恐怕也绝无可能；而其系统性的内部建筑设计也充分体现了室内设计在大型建筑中的重要作用。

再有，结合技术改进和结构计算，使建筑荷载和自身强度可以摆脱传统经验的局限，成为可以预测的科学。这为增添大型室内设备和建筑内部空间设计提供了有力保障，促使建筑内部空间功能可以更加复杂化、系统化，也使室内设计成为一项复杂、系统的工作。这在某种意义上也是室内设计独立于建筑设计的推手。

四 工业发展做出积极保障

随着时代演进和城市发展，一些西方工业文明的最新成果被逐步引入近代上海，改善着人们的日常生活。例如，开埠前人们多用豆油灯或蜡烛照明，西人寓沪后，煤油灯（又称火油灯、洋油灯）被引入，其亮度是传统油灯的 4—5 倍，且价格低廉，大受欢迎。1864 年，大英自来火房（1900 年更名为"上海煤气股份有限公司"）建成，开始向市政和家庭供应煤气用以照明，上海步入煤气灯阶段。当时的煤气"皆由铁管以达各家，以小铁管暗砌墙壁，令火回环从上而下，宛如悬灯，其人工之巧，几

---

① 伍江：《上海百年建筑史：1840—1949》，同济大学出版社 2008 年版，第 87 页。

于不可思议矣"①。1879 年，公共租界的电器工程师毕雪伯（J. D. Bishop）以蒸汽机带动自激式直流发电机发电，点燃碳极弧光灯，标志着中国境内第一盏靠发电亮起的电灯问世。三年后英商便成立上海电光公司，向租界市政及居民家中供电，上海自此进入电灯时代。20 世纪 20 年代后，电灯照明逐渐取代煤气照明，给煤气发展带来不利影响。这一时期适逢上海房地产业步入"黄金年代"，城市住宅大规模建造，上海煤气公司抓住机遇，销售策略由提供照明能源转向家庭烹饪和取暖热源供应方面。他们向市民示范如何使用煤气烹饪食品，使人们明白煤气的优点，② 并通过少量租金出租灶具设备和免费安装等优惠措施以吸引顾客。此举大获成功，为煤气公司取得了巨大业绩。又如，历史上中国人生活用水多取自河水或井水，但由于西方人没有喝开水的习惯，饮水一直是困扰外侨的"头疼事"，虽有沙漏水行，但杯水车薪，且极为不便。随着租界发展，工部局效仿当时英国卫生改革运动的做法，设立排污管道，并于 1881 年由英商成立自来水公司向市政和市民供应自来水，此举改善了城市用水状况，极大方便了城市居民的日常生活。

以上种种措施表面来看都是工业发展推动上海公共事业发展的新动向，但正是这些新事物深刻影响着近代上海室内设计发展。

首先，工业文明发展改善着近代上海室内环境质量，完善了建筑内部功能空间。如电灯不仅彻底改变了火光照明的传统方式，也改善了室内环境质量（以往的油灯会产生浓烟），成为空间氛围营造的重要手段，甚至灯具样式设计成为美化生活的重要装饰艺术。而煤气、自来水和排污系统的介入，使得厨房和卫生间能够融入建筑内部，这不仅完善了建筑内部空间的功能属性，也是室内设计走向现代的必要前提。（图 1-17）

其次，广泛使用新设备决定了建筑内部空间发展方向，为室内设计发展奠定了必要的物质基础。例如，随着高层建筑成为城市焦点，以电梯为主的公共交通空间逐渐成为室内设计的重要部分；而完善的室内环境设备（如空调系统）为营造舒适开放的现代风格室内环境创造了条件；同时，设备房、管道系统也成为室内空间设计所不能忽视的重要因素。

---

① （清）王韬：《瀛壖杂志》，上海古籍出版社 1989 年版，第 125 页。
② 上海公用事业管理局编：《上海公用事业（1840—1986）》，上海人民出版社 1991 年版，第 89 页。

图1-17 上海近代早期的室内卫生间和灯具设计

再有，新设备在提升人们生活品质的同时，也改变着人们的生活理念，"（上海）从前家中陈设不过榆树器具，及瓷瓶铜盆，已觉十分体面。今上海人红木房间，觉得寻常之极，一定要铁床、皮榻、电灯、电扇，才觉得适意"①。由此我们也能看出，工业发展在推动技术革新的同时，也为建筑设计、室内设计发展做出了积极准备。

此外，我们知道，装饰材料是影响室内设计风貌的重要因素，而生产技术往往决定着装饰材料的种类和形式。例如，以往我国传统建筑木质装饰多以实木为主，而近代上海随着生产技术更新，胶合板逐渐代替实木成为室内装饰装修的主要材料。这种技术是由旋切机生产单板，再有三层或多层（一般为奇数）单板相互垂直组坯（纹理方向相互垂直）胶合热压而成。② 民国十三年（1924）始有英商祥泰木行在杨树浦开设上海夹板厂生产胶合板，到民国三十六年（1947），上海共有不少于8家胶合板工厂，年产量为6353立方米，③ 为上海室内装饰行业发展做出了贡献。又如薄皮黏合胶合板技术在近代从西方传入上海，这种加工工艺曾广泛流行于20世纪30年代，当时的薄皮多为进口，选材有黑桃木、胡桃木、梅泊尔

① 《做上海人安得不穷》，《申报》1912年8月9日。

② 丁炳寅：《胶合板工业发展简史》，《中国人造板》2013年第11期。

③ 贺贤稷主编：《上海轻工业志》，上海社会科学院出版社1996年版，第338页。

（Maple，枫木）和雷司（Lacewood，美国梧桐木）等品种,① 这为拓展室内装饰语言提供了前提。再如我国传统家用五金配件，以手工锻打或翻砂成型为主，生产效率低，不能满足城市快速发展的需求。随着近代上海建筑五金工业发展和对五金配件需求的不断增加，一些五金工厂开始采取机制或半机制的方式生产五金配件以满足市场需求，甚至一些工厂还会接受订货和委托加工，或是定期更新技术，提供新品种以供应市场。另外诸如壁纸、瓷砖、橡胶等工业材料在近代上海室内装饰设计中均得到了广泛使用。可以说更新工业化生产技术为近代上海室内设计发展提供了有力保障。

① 王定一主编：《上海二轻工业志》，上海社会科学院出版社 1997 年版，第 197 页。

第二章

上海近代室内设计

第一节　酝酿阶段（开埠至 20 世纪初）

一　酝酿阶段的室内设计特征

新建筑类型引入上海

开埠后，西方人把殖民地式建筑带入上海，打破了中式传统建筑"一统天下"的局面。殖民地式建筑是当时租界的主要建筑类型，与中式传统建筑形成鲜明对比。但初到上海的西方人多是为了进行经济掠夺，大多数是抱着赚一笔钱就走的心态在此生活，他们的财富还没有得到充分积累，所以日常生活的室内布置多是采用可以随时带走的家具陈设或简单的界面装饰，并不会过多地把注意力放在室内环境设计上。这时上海殖民地式建筑室内设计相对比较简洁，体现出以经济目的为首的效率原则。例如，建于 1901 年的招商局大楼是目前上海少有的殖民地式建筑之一，虽然这种建筑风格流行于开埠早期，但在 19 世纪末 20 世纪初，依然算是新颖建筑式样。作为带有半官方色彩的企业，招商局的设立担负了众多期望和历史使命，反映在室内设计上，则是在满足办公需求的同时，并不会像同时期的洋行建筑一样追求华丽的装饰，而是更加注重实用与效率，体现出殖民地式风格室内设计的特征。

室内装饰逐渐成为普遍的追求

到了 19 世纪末，经过一段时期的殖民掠夺，西方人获取了大量财富，他们的心态开始有所转变，把上海变成自己家乡的样子是这时众多殖民者的愿望。他们开始修建豪宅，装修房间，憧憬着家乡的贵族式生活。同时，随着殖民化程度不断加深，上海与西方的联系更为紧密，西方流行的各种装饰材料和时尚讯息会定期传入这里，装饰装修成了人们日常谈论的

话题，体现富丽的维多利亚风格成为西侨钟爱的室内装饰语言。并且此时
上海的职业建筑师也在增加，这为出现更加讲究的西式风格室内设计提供
了可能。上海的室内设计发展开始有了起色。例如建于 19 世纪末的盛宣
怀住宅，其室内设计借鉴了不同时期的西式复古风格，追求豪华装饰，呈
现出维多利亚风格室内设计特点。这一方面说明，19 世纪末西人通过殖
民掠夺，已经积累了相当多的财富，追求奢华装饰成为他们改善生活环境
的普遍做法；另一方面也反映出随着租界发展和文化渗入，当时的上海精
英阶层已经开始接受并推崇西方生活文化了。

二　酝酿阶段的室内设计

盛宣怀住宅（1900 年前）[①]

　　这座花园洋房原本为一德国商人所造，后被洋务派代表人物盛宣怀购
得。基于盛宣怀在近代中国的历史地位，这座洋房便以他的名字定名。
（图 2-1）

图 2-1　盛宣怀宅建筑外观

　　此宅为三层砖木结构，用地面积 12424 平方米，建筑面积 1746 平方米。
建筑采用柱廊式入口，西立面为券柱式柱廊，南立面为双塔斯干巨柱式柱

---

① 位于今淮海中路 1517 号，现为日本驻沪领事馆。

廊。二、三层的檐部有宝瓶栏杆装饰。顶部采用方形铁皮瓦楞坡屋顶，设有老虎窗。建筑整体呈古典主义风格。建筑一层为门厅、衣帽间、会客室、休息室、餐厅等房间，二、三层为卧室、起居室、书房等。(图2-2)

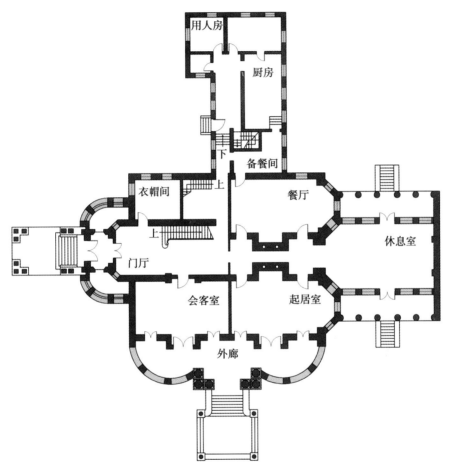

图2-2　盛宅首层平面图

　　进入住宅，门厅左侧设有开放式楼梯，采用兰姆舌形（Lamb's Tougue）扶手，在二级台阶上立有一盏巴洛克式灯柱。墙面柚木护壁，有精美的木质线脚框饰。顶棚为石膏吊顶，配以盛果状线脚饰。地面采用大理石铺地，局部铺设素雅的地毯。门厅虽面积不大，但装饰稳重华美，几件洛可可风格的家具给室内空间增添了一丝轻盈。一楼会客室的墙面装饰设计分三段，下部为白色浑水木护壁，中部贴浅色花纹壁纸，上部为檐壁设计。壁炉上部、檐壁及顶棚都有精美的石膏装饰，带有亚当风格的特点。顶棚中部悬有巴洛克式枝形灯。家具陈设散布室内，整体氛围轻松愉悦。

　　沿楼梯来到二层。楼梯间顶部为玻璃天棚，墙面贴饰壁纸。正对梯口设有一组端景，下部为雕饰精美的边桌，上部盾牌上挂着各种西洋剑。楼梯左侧的两个拱券门洞设计借鉴了古典主义风格，起到空间过渡的装饰作用，也暗示出主要空间所在。二层主卧室的墙面亦采用三段式构图；地面为柚木地板，局部铺设花饰地毯；顶棚为椭圆形线脚装饰，中部悬挂西式水晶灯；家

图2-3　盛宅室内环境

注：左上为厅门、右上为会客室、左中为楼梯间、右中为主卧室、左下为餐厅、右下为书房。

具摆放视功能而定，床头依窗而放。由方桌旁放置的痰盂可以看出当时国人的生活习惯。值得一提的是，从衣柜款式设计（如中间的穿衣镜和两侧柜门的藤编工艺）和卧室内放置两张片子床来看，这张历史照片应拍摄于20世纪二三十年代。因为当时上海高档家具所流行的设计样式就是结合镜子和藤艺的海派家具，而且当时社会上正在倡导新生活运动，约束青年男女节欲的"分床制"被视为是一种新时代的健康生活方式。此外，盛宅的餐厅和书房设计采用木质护壁和落地式窗帘，装饰华丽考究，明显带有维多利亚风格特征。（图2-3）

轮船招商局大楼（1901年）①

招商局设立可以追溯到19世纪70年代。鸦片战争后，外国轮船公司逐渐垄断了中国的航运市场。为自强求富，洋务派北洋大臣李鸿章于1872年12月23日向清廷递送了关于"设局招商试办轮船分运浙江漕粮由"的奏折，经同治皇帝批准后，轮船招商公局于次年1月17日在上海正式成立。经当局人员不懈努力和官方扶持，招商局发展迅速，1876年收购了当时上海最大的轮运经营者旗昌洋行（美商）所有资产，于1901年在原旗昌洋行花园内建起了一幢3层办公楼，即轮船招商局大楼。（图2-4）

图2-4　轮船招商局大楼建筑外观（现状）

---

① 玛礼逊洋行设计，广东承包商赵道仁承建，位于今中山东一路9号，现为招商局集团使用。

大楼采用砖木结构，总建筑面积约为 1300 平方米。建筑一层为青石砌筑，材料源自广东。正面采用四孔券廊，入口门廊前突，两侧有科林斯式方壁柱。二、三层外墙面为清水红砖，双柱外廊式设计，设有宝瓶护栏。二层为塔斯干柱式，三层为科林斯柱头设计。建筑顶部设有檐壁装饰和对称山花，屋顶坡度相对平缓。大楼整体属于典型的殖民地式建筑风格。

建筑内部竖向交通采用折式三跑楼梯，楼梯间顶棚设计采用中式藻井。井格中央描绘圆形四字吉祥福语，侧面山墙采用象征乾坤如意、平安丰收的传统纹样，颇具特色。楼梯中柱和栏杆有精美的西式古典风格雕饰，扶手是当时流行的鹅颈式设计。从横竖穿插的平栏杆设计和中柱下方的垂饰能够看出都铎风格的特点。（图 2-5）

图 2-5　楼梯口藻井和楼梯设计（现状）

一楼东南侧为沪局局长办公室，室内装饰简洁，柚木地板，墙面刷白，门窗洞采用西式线条贴面；办公家具依墙布置，设有沙发形成会客区。整个室内设计紧凑实用，显示出办公环境的效率性。二层东南侧为总办办公室，地面满铺地毯，拱形长窗做西式线脚框饰；沙发采用布套包裹，便于清理，这在当时也是一种极为流行的做法；此外，沙发中间放有痰盂，在以后相当一段时期里，这种布置方式可以说是一种典型的"中国特色"。大楼其他科室的办公室室内设计，顶棚或有线脚装饰，但整体简洁有度；陈设布局紧凑，办公桌多采用面向式放置，强调合理利用空间以提高工作效率。值得一提的是，办公室中大量使用转椅，这是一种在 20 世纪初非常流行的高档办公坐具。转椅设计源自西方，椅座和椅腿靠钢柱（或铁柱）连接，椅面可以调节高度和转动，增加了办公的舒适度，体现出技术发展带给木质家具的革新。（图 2-6）

图 2-6　招商局大楼室内环境

注：左上为总办办公室、右上为局长办公室、左下为会计科办公室、右下为科员办公室。

第二节　起步阶段（20 世纪初至 20 世纪 20 年代）

一　起步阶段特征

职业建筑师带来西方"正统"建筑文化

步入 20 世纪，大量西人来沪淘金，获得了梦寐的财富。他们把上海当成了"冒险家的乐园"，并且不再满足于对贵族生活的想象，而是开始着手打造自己的"贵族乐园"。同时，伴随着上海的城市经济职能逐渐发生转变——由商品贸易转为资本输出，城市里兴建了以银行、饭店、总会为代表的大批新建筑，人们对建筑形式与规模的要求越来越高，建筑功能与空间类型也更加多样。此时在上海生活的职业建筑师逐年增多，[①] 他们把"正统"

───────────

　　①　据统计：1874 年上海有 3 家建筑师事务所，1884 年有 6 家，1901 年已有 9 家私人建筑师事务所；到了 1904 年，上海的职业建筑师事务所或是雇有建筑师的公司共有 22 家；截至 1934 年，在上海独自开业的建筑师、工程师事务所至少有 32 家之多。参见郑红彬《近代在华英国建筑师研究（1840—1949）》，博士学位论文，清华大学，2014 年。

的西方建筑文化传播开来。于是租界内的建筑越发豪华气派，形式特征也更加趋于西式正宗。对于此时上海的建筑文化发展来说，彰显欧洲贵族阶层审美偏好的古典风格成为上流社会所热衷的文化追求。因此，带有折中主义倾向的西式古典复兴风格在 20 世纪后的相当一段时期内影响着上海室内设计的发展，如建于 1902 年的华俄道胜银行完全依照古典章法进行设计，在当时多是殖民地风格的外滩建筑群中可谓独树一帜，掀起了上海古典复兴风潮。建筑师在进行室内设计时，入口柱廊的空间处理手法明显借鉴了古典建筑空间语汇，这种空间编排会给人以正式、隆重的感受。而在上海总会（1910 年）室内设计中，其大厅由八组带基座的爱奥尼克双柱拱廊围合，凸显出古典空间的高敞明亮，这在当时上海的复古建筑室内公共空间设计中是非常流行的做法。

异域传统风格逐渐进入人们视野

进入 20 世纪，随着上海的殖民化程度不断加深，西方殖民者越来越重视对自己本土文化的宣扬与表达，各种异域传统风格逐渐被引入上海。例如建于 1907 年的德国总会直至 30 年代前都是外滩的最高建筑，其高耸的尖塔和凸堞设计极具地域特色，室内设计也明显带有巴伐利亚时期的乡土气息，成为国家形象及民族意志的体现。建于 1908 年的汇中饭店则是典型的英国文艺复兴时期建筑风格，其室内设计是以英式维多利亚风格为主。而在理查饭店（1910 年）的室内设计中，设计师利用中厅顶部的三角坡屋顶，采用木构架露明处理手法，使整个空间带有英式乡村住宅的意味。可以说这一时期各式各样的异域传统风格逐渐进入人们的视野。

海派风格室内设计初现端倪

20 世纪 20 年代，在"西风东渐"影响下，中西文化交融的趋势越发明显，租界内逐渐兴起新式里弄住宅建筑，其室内空间设计呈现出"中西合璧"的特点（详见第三章第四节），显示出此时上海逐渐产生了带有"海派"特色的室内设计。而此时在租界以外所兴建的一些中式传统建筑中，"中西融合"的特点也非常明显。例如这一时期兴建的陈桂春宅（1917 年）和凌氏民宅（1918 年），其室内设计在中式传统基础上，主动吸收外来文化，表现出明显的"中西合璧"，这也说明海派风格逐渐受到了人们的欢迎。

二　起步阶段的室内设计

华俄道胜银行（1902）①

1895 年 12 月，由法国巴黎国家贴现银行、巴黎荷兰银行、里昂信托公司、霍丁格尔公司及沙俄政府在沙俄首都彼得堡成立道胜银行。为了实现沙俄"和平经济渗入"的远东政策，1896 年道胜银行与清政府签订"入股伙开合同"，清政府出库银五百万两入股，银行随更名为华俄道胜银行。同年，在上海、天津先后设立分行，可以说华俄道胜银行是我国近代首家中外合资银行。

银行大楼高三层，占地面积 1460 平方米，建筑面积 5018 平方米，主体结构采用砖石承重，钢梁外包混凝土支撑楼板，沉砂垫层基础。建筑正立面采用古典主义对称手法，横三段、竖三段分划清晰明确：一层外部为宽缝石材砌筑，具有敦实的视觉基础；二、三层为白色釉面砖及大理石贴面；三层上部檐口较深，女儿墙设有对称的山花装饰。主入口设在中部底层，门楣采用古典山花，两侧饰有双塔斯干门柱，其上立有两尊铜质女神坐像（已毁）。坐像身后立有两根爱奥尼克 3/4 巨柱式贯通二、三层，形成中段视觉中心。中段左右各有两根方形壁柱将正立面竖向构图划分为三部分。中部二层拱窗的拱肩及锁石均饰有精美的古典浮雕，拱窗上方檐壁有扭索状雕饰，正立面檐口下方正对方形壁柱的柱头部位雕饰有四面神话头像，而檐口上方正对每根壁柱的托座部位设有 1/4 圆形叶饰。此外，除正立面中段及底层窗洞外，建筑所有窗口均带有古典风格窗扉设计。整个建筑比例对称工整，带有文艺复兴风格特点。（图 2-7）

建筑平面呈规整方形，一、三层为办公用房，二层为营业大厅。大门入口处是一条经典的多立克柱廊，端庄典雅，直通大楼中央大厅。中央大厅是室内装饰的重点。大厅贯通三层，一层设平行双分楼梯通向二楼营业厅，楼梯扶手和踏步均用大理石砌筑，雕饰精美；二层由 12 根地道的爱奥尼克柱式围成回廊，檐壁的三陇板设计配合齿状线脚，明显呈现出古希腊风格特征，而回廊内部拱门的拱肩及拱心石也均有精美雕饰；三层回廊

---

① 海因里西·倍高（Heinrich Becker）设计，项茂记营造厂承建，位于今中山东一路 15 号，现为中国外汇交易中心。

图 2-7　华俄道胜银行建筑外观（现状）

由彩色玻璃窗围合，窗樘饰有古典框饰，上部 12 组拱形山墙为大理石浮雕。整个大厅的顶棚设计采用彩色玻璃天窗，色彩艳丽。值得注意的是，三层木窗及天窗玻璃图案设计以植物、花卉为原型，可以看出这种设计是受到当时欧洲流行的新艺术运动风格所带来的影响。（图 2-8、图 2-9）

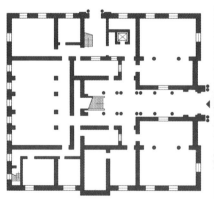

图 2-8　华俄道胜银行首层平面图和入口柱廊（现状）

图 2-9　华俄道胜银行中央大厅室内设计（现状）

　　大楼办公室室内设计风格相对多样。例如三层会议室的外间地板、护壁、顶棚为柚木制作，线脚及细部装饰均用古典形式，体现出典雅稳重的环境氛围；而内间色调则活泼明快，檐壁与顶棚四周成为装饰重点，简洁的构图框架内局部饰以细腻的卷草纹样，带有欧洲巴洛克时期的乔治风格特点。（图 2-10）总体来看，整个大楼室内装饰设计丰富精美，给人以华丽高贵的印象。此外，大楼配备了先进的卫生设备和一部电梯，这在当时上海的公共建筑中实属首创。

图 2-10　大楼办公室室内环境（现状）

　　值得一提的是，在华俄道胜银行室内设计中，建筑师大胆将当时西方流行的新艺术运动风格融入古典建筑室内设计之中，客观反映出这一时期上海的室内设计较建筑设计对西方潮流文化的反应更为敏锐的特点，也凸显出专业设计师对近代上海室内设计发展起到的促进作用。

德国总会（1907 年）①

早在 1866 年，上海就有德侨组织德国总会，取名康科迪亚俱乐部（Club Concordia），会员有 90 多人，会址采取租用房屋的办法解决。随着会员日益增多，1904 年，总会决定自建新屋，并通过设计比赛的形式，招请优秀设计师参与竞争，最终由倍高洋行获胜。

德国总会高三层（半地下一层），砖木结构。建筑正面朝外滩方向，楼底结合半地下室设有凸台，须从北侧拾级而上（后改为中部楼梯）进入总会一层。建筑正立面横向可分为三部分。中部采用对称设计，一层入口为双柱式拱廊，二、三层均采用拱券式落地窗，三层窗外设有单独挑台，其上部山墙造型及陡坡顶带有德国文艺复兴时期的风格特点。建筑两侧非对称耸立有巴洛克式塔楼，打破了严谨的对称构图，其中南侧塔楼高达 48 米，楼身的凸堞设计带有欧洲中世纪城堡的意味，这在上海近代公共建筑中实为少见。建筑师在设计新楼时，参考了 1900 年巴黎世博会德国馆的方案，整体处理虚实得当，体现出强烈的民族特色。此外，新楼建成后，高耸的尖塔外形在外滩独树一帜，似乎有意彰显德意志民族的傲慢气质。（图 2-11）

图 2-11　德国总会建筑外观

---

① 建筑由海因里希·倍高（Heinrich Becker）设计，室内由卡尔·贝克（Carl Baedecker）设计，1937 年拆除。

　　总会一层为礼堂、酒吧间、弹子房和阅览室等，二层主要是宴会厅、舞厅、棋牌室等，三层设有厨房间和储藏室。大楼内部功能丰富，装饰也可谓富丽堂皇。一层的礼堂以土黄色为基调，间以象牙白和铜青色调和，加之粗丽的古典柱式，给人一种庄重感受，气势不凡。大楼内部楼梯采用白色大理石铺设，栏板和扶手柱是装饰重点，雕刻精美。一层的酒吧间颇具特色：装饰着莱比锡出品的精铜电烛台，还放着有一个瑞士籍神父赠送的祖父钟（Grand Father's Clock），天花板上每一根椽子上都刻着精选出来的德文诗句，房间以蓝色为基调，间以白色和棕色，[1] 墙面拱券内刻画着柏林和不莱梅的风光壁画，让客人依稀回忆起家乡的景色。室内陈放的质朴桌椅和木质地板，迎合着顶棚的露明装饰，使整个空间带有巴伐利亚时期的乡土气息。（如图 2-12）

图 2-12　总会一层酒吧间

　　二层宴会厅宽大精雅，顶部采用纵向木椽装饰，间有拱梁，拱座以功勋标记作为装饰。墙壁上装点着德国城市风光壁画。关于宴会厅的室内环境，有历史文献这样记载："一段有奏乐的楼座，内中的器具设备，在在显示出精致合适；光线方面，因为有无数彩色玻璃窗，非常之柔美，窗子上还描着几乎一切国家的徽章。"[2] 此外，与宴会厅相连的舞厅（凯撒厅）

①　钱宗灏、华纳（T. Warner）：《上海的近代德国建筑》，《同济大学学报》（人文·社会科学版）1992 年第 3 期。

②　上海通社编：《上海研究资料》，上海书店出版社 1984 年版，第 491 页。

高敞宽大，地面铺以适于跳舞的镶花地板，厅内还挂有一幅德国巡洋舰队赠送的君主画像。（图 2-13）

图 2-13　总会二层宴会厅

德意志帝国通过第二次工业革命，实现了其经济、政治、军事的飞跃，威廉二世政府积极地推行所谓的"世界政策"。这种背景下，德国总会的建造在当时可谓雄伟壮丽、富丽堂皇，普鲁士王子（德皇威廉二世之子）亲临现场参加奠基仪式。总会大楼直至 30 年代前都是外滩最高的建筑，其室内设计由专人负责，成为国家形象及民族意志的体现，极具异域特色。

汇中饭店（1908 年建，1923 年室内改造）[①]

1875 年，中央商店有限公司（Central Stores Co., Ltd.）买下当时外侨居留地 5 号地块的英商迪克斯医生（Dr. Dixon）的所有房产，开设旅馆饭店（Central Hotel）。由于此建筑曾被大名鼎鼎的汇丰银行租用十年，所以其中文名称就定为"汇中饭店"。1907 年，饭店老楼毁于一场火灾，董事会决定重建新楼，并改名为"Palace Hotel"，但其中文名称依旧沿用"汇中饭店"。

汇中饭店新楼高六层，坐南朝北，沿南京路一面为主立面。建筑主体采用砖混结构，占地面积 2125 平方米，建筑面积 11607 平方米。饭店外

---

① 最初由玛礼逊洋行设计，1923 年由公和洋行主持室内改造设计，王发记营造厂承建，位于今中山东一路 19 号，现为斯沃琪和平饭店艺术中心。

观强化水平分割，入口处做重点装饰，呈现出英国文艺复兴时期的建筑风格。建筑底层采用石砌墙面，二层以上用白色面砖铺贴，楼层间腰线、窗框、窗楣及上部两层窗间壁柱用清水红砖装饰。南京路立面顶部设有对称的两座巴洛克式亭阁，楼顶东南角亦有不同造型的小阁一座，以强化外滩立面构图的均衡效果。建筑师在南立面二层以上设计了铸铁外廊，采用枝叶形镂空铁艺装饰，带有新艺术运动风格的特点。此外，饭店还配有当时世界上最先进的奥的斯（OTIS）牌电气式电梯，并设有屋顶花园供顾客眺望黄浦江景色，这些均为上海首创。（图2-14）

图2-14　建成之初的汇中饭店

进入大楼内部，一层中部为宽敞门厅，东部为餐厅，西部设有商店。门厅立柱采用塔斯干柱式，顶棚饰以造型精美的石膏线脚，内侧醒目位置是封闭式木质三跑楼梯通往二层。楼梯的一、二级台阶采用牛鼻踏步，中心柱亦用简洁的塔斯干柱式撑托拱券框饰。东侧餐厅可容纳300人，墙面镶嵌柚木墙裙，顶棚采用石膏线条分格装饰，门窗洞口悬挂幕帘。饭店二至五层为客房区，共设有120间标准套房，每间套房都有独立的卫生设备，并提供冷热水服务，还配有休息室、活动室、小型餐厅等功能性用房。六层为员工宿舍。此外，穿过屋顶花园，在饭店顶楼还设有可容纳300人（或200人）的宴会厅，供客人举办舞会或宴会使用。（图2-15）

图 2-15　饭店建成初期的底层大厅（左）和底层餐厅（右）

1923 年，中央商店有限公司改组为香港上海饭店有限公司（Hongkong & Shanghai Hotels Ltd.），为了迎合上海快速发展的步伐，使饭店更具竞争力，董事会决定对饭店进行重新修整，由公和洋行主持设计。

此次修整的重点在底层，将饭店东部的餐厅改为维多利亚风格的茶室和一个意大利式的小宴会厅，西部增设冷饮部、快餐店和一个詹姆士一世风格的酒吧。门厅作为饭店的形象进行了重新装饰：大门换成带有新艺术运动风格的柚木旋转门；墙面满铺木质护壁，格栅节点处有金色圆花，多立克柱式的柱头也增添了细腻的垂花装饰；顶棚线脚局部描金，灯具换成了华丽的枝形宫灯。此外，在此次改造设计中，公和洋行利用了当时西方最新的设计理念，把带有装饰艺术派风格特点的灯具融入了饭店的室内设计之中，产生了具有现代感却不失古典风韵的环境气质。（图 2-16、图 2-17）

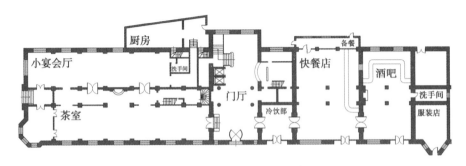

图 2-16　1923 年改造后的饭店首层平面图

图 2-17　改造后的室内环境

到了 30 年代，为了迎合市场竞争，饭店借鉴了当时著名的圣彼得堡阿斯托利亚酒店（Astoria Hotel）和莫斯科法兰西酒店（Hotel de France）的装修做法，将小宴会厅修整成带有东欧味道的风格样式。

作为近代上海著名饭店，汇中饭店不仅经营理念和技术配备紧跟世界潮流，其室内设计也对西方流行的艺术风格做出敏感反应，客观反映着20 世纪初上海室内设计文化追逐潮流的发展趋势。

礼查饭店（1910 年）[①]

礼查饭店（Astor House）的历史可以追溯到上海开埠初期。1860 年，一名叫阿斯脱豪夫·礼查（Astor of Rechard）的英国商人以自己的名字建造了上海第一座外国酒店。过了近半个世纪，老建筑不堪负用，1906 年礼查饭店在原址拆除旧楼，重建一座五层砖木结构的楼房。然而 20 世纪初的上海，酒店业竞争日益激烈，1907 年礼查饭店决定再建一座六层高的豪华大楼，新楼竣工后（1910 年）构成了饭店的基本格局（即今天的黄浦路楼、金山路楼、中楼、大名路楼和孔雀厅）。

黄浦路楼的建筑设计因其位置显要，代表着饭店的形象风貌：其下段以拱形门窗为主，入口处设有铁架雨棚；正立面中段由七根爱奥尼克柱式贯穿三、四层；上段有三个拱形挑檐和山花装饰，强化了竖向联系；建筑西南角上方有一座巴洛克式塔楼，凸显了建筑轮廓。建筑外观采用三段式

---

① 新瑞和洋行设计，位于今黄浦路 15 号，现为浦江饭店。

分划和力求立面对称的设计手法使建筑整体呈现出新古典主义风格特征，而局部运用双柱式、巨柱式等装饰符号又带有巴洛克风格的意味。（图2-18）

图2-18　建成之初的礼查饭店黄浦路楼

　　进入饭店大堂，拱券式柱廊、层次繁富的顶棚设计和墙面装饰彰显着维多利亚风格室内设计的繁复效果。大堂北侧的孔雀厅为当时上海著名的交际场所，因舞台背景的孔雀造型而得名，其室内设计可谓富丽堂皇：整个大厅两层通高，宽敞绚丽，曲线形发券的汉白玉石柱和巴洛克风格的弓形挑台围合中央舞池；顶棚采用英式哥特复兴风格的弓形玻璃穹顶；舞池是工艺考究的窄木拼花地板，中间为星形图案向四周扩散。此外，孔雀厅二层设有包房和休息室，能同时满足不同的功能需求。（图2-19）

　　黄浦路楼顶层设有宽敞的宴会厅，可同时容纳500人就餐，其室内空间采用古典柱廊结构，结合维多利亚风格室内装饰，庄重之余尽显华丽效果，而玻璃拱顶和立式风扇又凸显了工业文明气息，显示出新技术对室内设计的影响。中楼三层的中厅是礼查饭店又一处经典空间：整个空间高敞明亮，顶部为三角坡屋顶，露明处理的设计手法使整个中厅散发出英国乡村住宅的意味，然而深色油漆栏杆和简洁的圆形窗洞又仿佛使人置身游轮船舱，这也许是因为礼查饭店的几位主人都是船长出身，设计师刻意为

图 2-19 礼查饭店孔雀厅

之。(图 2-20)

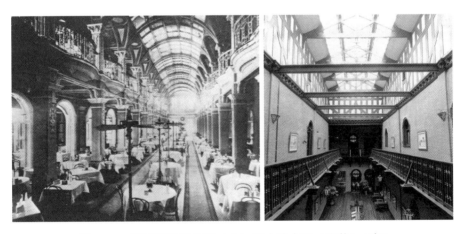

图 2-20 黄浦路楼宴会厅(左)和中楼中厅(现状)(右)

礼查饭店的硬件设施可谓先进完备:有客房 200 余间,每间客房都有独立的卫生设施,24 小时供应热水;饭店还安装了电话网络,在每间客房中均配备电话机;饭店也是上海最早的有声电影放映场。此外,礼查饭店还配有休息室、阅览室、弹子房、酒吧、舞厅、棋牌室、美发室等功能空间,可以说礼查饭店是老上海第一家"现代化"饭店。

上海总会（1910 年）①

上海开埠后，最早的一个外侨社交娱乐场所是上海总会（Shanghai Club，又称英国总会），早期会所建于 1864 年，是一幢三层砖木结构的殖民地式建筑，内部有餐厅、弹子房、棋牌室、图书室、阅览室、酒吧间等。进入 20 世纪，随着公共租界经济发展，加上原总会建筑陈旧，工部局决定重建上海总会大楼。新楼建筑设计由英商马海洋行建筑师塔兰特（B. H. Tarrant）主持（后由 A. G. Bray 接管，二者均为英国皇家建筑学会会员），而室内设计则由日本建筑师下田菊太郎完成。

总会新楼为钢筋混凝土结构，地下一层，地上五层，占地面积约 1800 平方米，建筑面积约 9300 平方米。建筑正立面沿外滩面东，呈三段式分划：底层入口由三个拱形门洞组成，中心拱门上有精美的垂花雕饰；中部贯穿三、四层的六根爱奥尼克巨柱式构成建筑立面的视觉中心；两端上部分别立有巴洛克样式的塔楼，屋顶坡度较缓，开有老虎窗。建筑正立面构图严谨工整，庄重优雅，带有英式新古典主义风格特征。（图 2-21）

图 2-21　上海总会建筑外观（现状）

总会建筑平面总体呈方形，其室内设计可谓高贵华丽。通过拱门进入大楼进厅，沿进厅的白色大理石阶拾级而上来到总会大厅，空间豁然开朗：大厅由八组带基座的爱奥尼克双柱式拱廊围合，顶棚为钢构玻璃拱

① 马海洋行设计，位于今中山东一路 2 号，现为上海华尔道夫酒店。

顶，下端挂有豪华的枝形吊灯，地面铺设方形大理石。设计师在这里充分利用了浅色调的古典元素来营造室内环境，显得整个大厅高敞明亮、稳重典雅。此外，底层酒吧间室内设计颇具特色，有长约 34 米的吧台，时为远东之冠。（图 2-22）

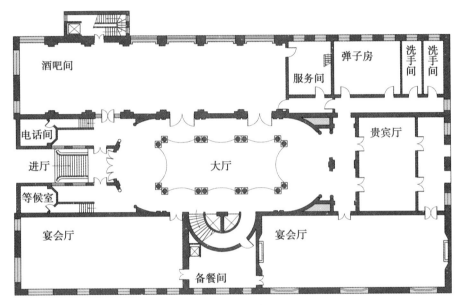

图 2-22　上海总会平面图

　　大厅北侧设有美国进口的奥的斯牌电梯和环状步梯。沿楼梯蹑步来到总会二层，环廊为弓形挑台，周围是大小宴会厅、棋牌室、休息室等。二层东部的总会厅（Dining Hall），面积超过 300 平方米，是款待社会名流的辉煌场所。总会厅顶棚采用细腻的石膏线脚装饰，局部描金；墙面下部为深棕色木质墙裙，上部刷饰浅黄色油漆，并配有白色条状石膏框饰；墙壁之间亦为浅黄色油漆壁柱，强化出空间界面的竖向分划；地面铺设柚木拼花地板，工艺考究。此外，总会厅南北各有一座壁炉，东侧为落地高窗，尽收浦江美景。二层南部的嘉会厅（Council Hall）是会员举办派对、聚餐的场所：室内墙壁镶嵌柚木护壁，顶棚用古典风格线条丰富层次，配以华丽的灯饰，使空间散发出绅士气质。总的来看，二层宴会厅和嘉会厅内的室内壁柱、木质护壁、顶棚处理、条状饰带以及壁炉等，都体现出古典装饰风格的稳重典雅。此外，总会三、四层设有会员客房，共有 40 套，

房内配有浴室等设施，顶楼为厨房、储藏间及工人房等。（图2-23）

图2-23　上海总会室内环境（现状）

注：左为底层大厅、右上为二层总会厅、右下为底层酒吧间。

　　上海总会自成立就一直是上海滩档次最高的会员制俱乐部，华人及女人均不得入内，即便是普通英侨也很难踏进它的门槛，它的室内设计华丽雍容，散发着英式贵族气质，在当时外滩众多西式建筑中也是佼佼者之一，体现出当时身处异乡的殖民者在获得梦寐的财富与地位后，开始在现实中追求西方贵族般的生活方式。

　　陈桂春宅（1917年）①

　　《民国上海县志》有这样一段记载："陈桂春，烂泥渡②人。以驳运起家，性慈善，于地方公益事业尽力资助，孜孜不倦。……所居曰'颍川小筑'，布置闲雅，有隐士风，卒年五十二。"③ 能记载于地方县志，可见宅主陈桂春是当时上海的名人。按中国《百家姓考略》，陈姓源自颍川郡

---

① 位于今陆家嘴东路15号，现为吴昌硕纪念馆。

② 今上海陆家嘴一带。

③ 钮永建：《民国上海县志·卷十五　人物下》，1935年，第33页。

（今河南禹州一带），以祖先发源地定名自己的私宅，也能看出陈桂春的传统观念。

　　陈桂春宅坐北朝南，采用中轴对称的空间组织手法，层层深入，是一幢典型的四进三院式中国大宅。第一进为临街门墙，二进为宅院前房，面阔五间，明间通高一层，次间和梢间分成两层，上部为阁楼，楼梯设在次间后部。前房后方有长方形天井。穿过天井，来到穿堂，穿堂面阔三间，两侧次间为小房间，中部仪门上刻有"树德务滋"字样。三进是正房，为厅堂和主要起居用房，面阔五间，次间和梢间带有阁楼，室外设有轩廊，两侧有边门通往避弄。正房及左右厢房围合成近似正方形的庭院，中部有水井一口。厢房为三开间，亦有轩廊。明间一层，南北次间带有阁楼，阁楼与正房阁楼相连。四进为仓、厨等配房。此外，宅院两侧设有避弄和侧房，供仆佣使用。[①]（图2-24）

图2-24　陈桂春宅平面示意图（左）及正房堂屋（现状）（右）

　　陈宅建筑采用传统穿斗式砖木结构，望板小青瓦硬山屋顶，选材考究，雕梁画栋，享有"浦东雕花楼"的美誉。其室内门窗等小木作甚是

精细，如窗棂设计采用江南传统的葵式做法，卧蚕及花结子的雕刻圆润精美，堪称经典。

陈宅作为近代上海传统民居的代表，除了具有典型的江南民居特点外，建筑装饰手法及材料选择也受到了西方建筑文化的影响。例如宅院墙体外部虽用青砖砌底，但同时也使用了红砖线脚和白水泥勾缝的做法，而封火墙及仪门的装饰处理也借鉴了西式构图和巴洛克式卷草纹样。前房轩廊处的月梁、随梁枋及枫拱雕刻，精致细腻，但仔细品味，其中又夹杂着西式齿状饰带和多层线脚，且这种"中西融合"自然巧妙，并无生硬之感，显示出工匠的高超技艺和匠心巧思。又如中院四周的挂落、围栏、门窗雕刻等小木作，整体来看是典型的传统风格，但廊柱中部的局部装饰又带有西式箍柱和科林斯式柱头纹样。再如前、后房明间室内的墨绿色釉面砖墙裙装饰，地面的西式拼花瓷砖地板，厢房、次间等处的西式板门和西式天花，以及室内的壁炉设计、卫生设备等，使得这座传统建筑的室内设计充分融合了西方建筑装饰语言和当时的先进技术，带有海派风格的特色。（图2-25）

图2-25　陈宅的海派风格环境设计（现状）

"颍川小筑"的环境设计充分体现了近代上海民间富有阶层的文化追求：一方面，他们对传统文化有着强烈信仰；另一方面，在其成长过程中受到西方文化熏染，在传统外壳下逐步适应着中西融合的浪潮，并逐渐形成了这个阶层特有的海派文化特征。

凌氏民宅（1918 年）①

凌氏民宅房主凌祥春 1886 年生于高桥，13 岁去租界学做生意，后经艰苦创业，终事业有成，便斥资 3 万银元在家乡修建此宅。

凌宅是典型的五间三进四院式传统宅院，主体采用砖木结构，共有 25 个房间。第一进为 1 层南房和墙门间，二进为 2 层正房和厢房，三进为 1 层配房。正房是宅主主要的生活起居空间，也是室内设计的重点。正房为 2 层五间七檩房。一层明间为正厅，两侧次间为卧室，梢间为楼梯间，其中东侧梢间兼做账房，西侧梢间兼做棋牌室。二层明间为老爷房，两侧次间为卧室，梢间为楼梯间，二层东侧的厢房为会客室和书房。（图 2-26）

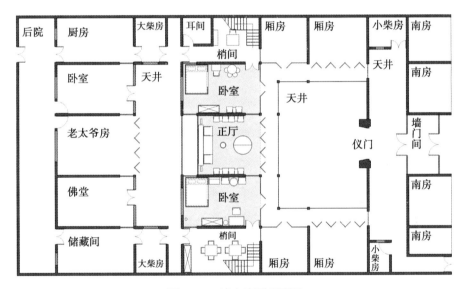

图 2-26　凌宅底层平面图

厅堂是中国传统民居的重要组成部分，是祭祀、议事或会客等活动的场所，也是宅第中装饰最为讲究的建筑空间，体现着主人的社会地位和经济实力。近代上海传统民居的厅堂在沿袭传统基础上趋于多样化，除了礼

① 位于浦东高桥西街 167 号，为浦东登记的不可移动文物，现为高桥人家陈列馆。目前馆中展出人物故事实属虚构，但馆内工作人员介绍，为力求原真，馆内陈设器物均为本地收藏品，且是近代上海大户人家常用之物。经笔者实地走访周边上年纪的老人得知，该馆陈设布置基本与近代民国时浦东民居布置习惯相同，考虑此宅陈设布置相对全面，基本反映出近代上海传统民居的室内风貌，从而具有一定代表性。

仪性功能外，有时也兼具生活起居、休闲怡情的功能，但其室内追求对称规整的设计意匠并没有太大改变。

凌氏民宅的正厅以中轴对称布置。正中屏门上安挂着彰显宅主品好的匾额"三德堂"和画轴对联，其下设有条案，放置有钟表、瓶花等陈设器皿，寓意"终身平安"。条案前方正中摆放长方桌，两边对称放置主椅。正厅左右两侧墙面素白，装饰有挂屏，挂屏下方对称放置数把客椅和方几，无论形制和装饰均无条案、方桌、主椅富丽，以示等次。正厅居中还摆放由两张月牙桌拼合而成的圆桌，供家人共餐之用。家人团聚之时，也是伦理教化的最好时机，可以说这张桌子"担负"着中国传统文化的精神传承。

按封建伦理，无论是皇家宫苑还是百姓人家，厅堂的座椅和座次都分等级尊卑：宝座只有帝王能用，一般民居厅堂中以太师椅为最高等次坐具，只有男主人或贵宾来访时方能使用，若身份有差，客人会自坐下首以示守礼，这也体现着传统礼制思想。"三德堂"在上海地区传统民居厅堂之中，面积虽不算大，但方寸之中的布局陈设已是庄重肃穆，尽显秩序。有意思的是，正厅中心部位放有一个安置鱼缸的五足圆墩，给凝重的空间增添了一丝灵动，也体现出主人对怡情的追求。（图2-27）

图2-27　凌氏民宅的"三德堂"（现状）

我国传统民居室内设计中并没有起居室的概念，贵胄之家除了正厅外，会设有专门的厅堂作为起居生活之用，百姓家宅的起居功能多半是融于卧室之内，凌宅的卧室布局就体现了这点。在凌宅卧室布置中，除了以床榻为主的内侧睡眠区外，还会设有对椅、圆桌（或四仙桌）或贵妃椅组成的休息区，衣橱、箱柜组成的储藏区，梳妆台、洗漱台组成的梳妆区等。至于家具陈设的式样选择，则是依据个人喜好和经济能力来决定。卧室以睡眠功能为主，床自然就成为卧室家具中体现设计特色的主要载体。例如凌宅中，大少爷是家中长兄，子承父业，担负着家族重任，他的卧床是带檐廊装饰的高规格门围架子床，床顶三格横屏上装饰着高山远水以示胸襟；二少爷新婚不久，且育有一子，他的卧床是采用繁枝茂叶装饰的满罩架子床；三少爷留学海外，卧床式样是民国时期流行的西式直棂床；小姐年轻活跃，尚未出阁，卧床则是相对简洁的六柱架子床；老爷年事已高，床前置有脚踏和小橱；而姨太太虽被安置在宅后配房，她的卧床也可谓富丽精美，属于典型的甬作雕花嵌骨家具，床顶横屏上饰有牡丹花卉，仿佛也在诉说着自己本为富贵出身。此外，凌宅的床榻安排多位于室内一角，贴墙放置，这也体现出传统家居布置秉承风水文化中寻求"靠山"的观念。

至于凌宅中的陈设饰品、家具样式，已经尽显海派风格，"中西融

图 2-28 凌宅海派风格室内设计（现状）

合"可谓随处可见，西式生活方式和西方家居文化也有不同程度的体现。但室内环境所传达出的整体风貌仍然展现着强烈的传统意蕴，这其中的缘由还是要归结于传统文化的内在支撑作用。由此我们不难发现，在近代上海"西风东渐"大背景下，传统室内设计在保守固有的基础上，细微之处也开始主动地吸收外来文化，展现出一种固本求新的发展景象。（图2-28）

第三节　快速发展至衰落阶段（20世纪20年代后）

一　快速发展至衰落阶段特征

西方古典建筑文化依旧受到追捧

20世纪初，古典复兴风格成为上海建筑文化发展主流。到了20年代，以汇丰银行大楼（1923年）为标志，预示着近代上海西式古典复兴风格走向高潮。在随后兴建的嘉道理住宅（1924年）、上海邮政局大楼（1924年）等建筑中，西式古典风格仍然受到人们的追捧。即便是到了20年代后期，西式古典复兴风潮仍旧余温未散，例如1927年由华人建筑师庄俊设计的金城银行还是以西式古典风格作为室内设计的主要选择，这也再次反映出西式古典建筑文化的潮流地位。

现代建筑文化首先出现在室内设计中

20世纪20年代，随着上海城市经济飞速发展，建筑业步入空前繁荣阶段，各种新材料、新技术被广泛应用在建筑领域，但建筑形象设计却还是喜欢沿用"老套"的古典风格。而此时上海的室内设计发展则更多受到西方现代建筑文化的影响，在一些颇具代表性的西式古典建筑室内设计中，设计师开始采用同时期西方流行的现代设计风格，例如在以西式古典复兴风格著称的汇丰银行（1923年）室内设计中，其楼内灯具陈设和栏杆扶手设计就充分借鉴了当时欧美流行的装饰艺术派风格。这反映出此时上海的室内设计文化发展较建筑文化发展更为灵活敏锐的特征。

追求现代成为室内设计发展的主流

到了20世纪20年代后期至30年代，随着上海的建筑业步入鼎盛时期，室内设计进入快速发展阶段，此时西方盛行的现代建筑文化开始对上海的建筑领域产生全面影响。例如兴建于1929年的沙逊大厦，其公共空间室内设计利用金属、玻璃等现代材质强化出直线条的装饰美感，充分展示了装饰艺术派风格的时尚魅力，引领着近代上海"摩登"风潮。此后兴建的诸如百乐门舞厅（1932年）、大光明大戏院（1933年）、国际饭店（1934年）等众多知名建筑中，设计师均采用装饰艺术派风格进行室内设计。显然，装饰艺术派成为这个阶段上海建筑设计、室内设计发展的主流。

与此同时，现代主义思想也传播到了上海，室内设计更加注重功能，装饰风格也更加纯净。例如建于1934年的雷士德工学院便是在科学理性思想下进行室内设计的，其大楼内部装饰简洁，充分考虑了人员动线的合理性。而同时期建造的虹桥疗养院（1934年）室内设计则以特殊的功能需求为准，依照科学理念确立建筑形态、进行室内环境设计，被视为近代上海颇具代表性的现代主义建筑。此外，这一时期兴建的一些花园住宅也受到现代主义思想的影响，例如吴同文住宅（1937年）的室内设计从功能出发，采用灵活平面和自由立面，这使得这座建筑明显带有现代主义的特点。整体来看，追求现代是近代上海室内设计快速发展阶段的最大特征。

中式传统复兴思潮

20世纪30年代，随着民族意识觉醒，上海还盛行着一股传统复兴思潮。华人建筑师在工业文明背景下展开对传统建筑文化复兴的探索，依托"大上海计划"兴建的上海市府大楼（1933年）和上海博物馆、图书馆（1933年）代表了这股思潮所取得的成就。

遗憾的是，1937年后，日军占领上海，加上随之而来的第二次世界大战，上海城市社会经济发展迅速滑落，建筑业受到重创，除租界有少数建筑活动外，其他地方的建筑活动大量减少，室内设计发展也受其影响，开始走向衰落。

二 快速发展阶段的室内设计

汇丰银行（1923年）①

汇丰银行于1864年在香港注册成立，由外商怡和洋行、沙逊洋行、旗昌洋行、太古洋行等共同注资，于1865年开设上海分行。到了20世纪初，汇丰银行已经发展成在华最大的外资银行，上海原行址已经不敷使用

---

① 公和洋行设计，英商德罗公司承建，位于今中山东一路10—12号，现为上海浦东发展银行。

且不能体现汇丰银行的雄厚实力，于是汇丰银行于 1921 年着手建造新厦，1923 年 6 月竣工。

汇丰银行大楼占地面积 9338 平方米，建筑面积 23415 平方米，主体建筑五层，中部七层，地下一层，为当时外滩体量最大的建筑。大厦主体采用当时最先进的钢筋混凝土结构，但外观设计却采用古典风格：竖向上，下段采用粗犷的宽缝花岗岩垒砌，中断采用细缝和无缝相间的方式，而上段则完全是无缝墙面；横向上，两端实、中部虚，中部贯穿二、三、四层的仿科林斯巨柱式，将视线引向上方带鼓座的穹顶。整个建筑采用古典主义风格，给人以庄重严谨的感觉，也彰显了银行的稳固、安全、忠实的形象。（图 2-29）

图 2-29　建成之初的汇丰银行

大厦平面整体呈方形，一层是银行自用，上面四层为出租的写字间，中部的穹窿顶为二层塔楼，设有会议室、休息室等。

汇丰银行大楼的室内设计可谓功能明确、豪华高档。从正门进入大楼内部，首先会经过一个装饰华丽的八角门厅。[①] 八角门厅分内外两环，内环由八根爱奥尼克柱支撑，柱头、柱础镶包铜皮，柱身为意大利进口大理石制成；外环由八面拱门围合，形式借鉴了"帕拉蒂奥母体"的构图。门厅上部为穹窿藻井，分三层：顶层为直径 15 米的圆顶，装饰以希腊神

---

① 在最初设计时，门厅的公共空间并非是如今的八角厅形式，仅仅是一个带有石膏雕饰的方形空间。而在随后的设计变更中，设计师充分考虑了数字"八"的深刻寓意，并最终形成八角厅的形式。

话中"丰收女神"为主题的马赛克镶嵌画,周围环以象征英国皇室威严的金狮和 8 个宗教符号;二层是黄道十二宫图;三层是 8 幅分别以上海、香港、伦敦、巴黎、纽约、东京、曼谷、加尔各答为城市背景的马赛克壁画,代表了汇丰银行在世界金融中心的八家分行,每幅壁画又以一个女神作为主题。外环拱肩上还镶嵌着 16 个古希腊人物神像,并配有拉丁文示意,分别为:知识、坚韧、正直、历史、经验、忠实、智慧、真理、劳作、公正、精明、哲理、平衡、镇静、秩序、谨慎,象征了现代银行家所必备的品质和素养。(图 2-30、图 2-31)

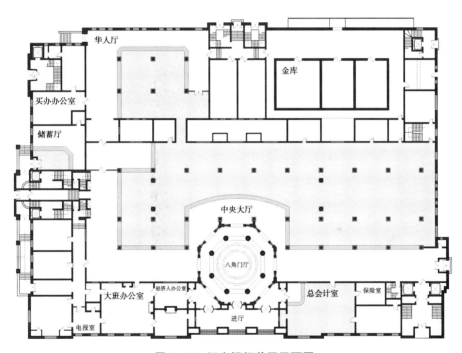

图 2-30 汇丰银行首层平面图

穿过八角门厅,就进入了带有拱形钢构玻璃顶棚的中央大厅。整个大厅宽敞明亮、豪华气派,由精心设计的大理石方柱和爱奥尼克柱组成柱廊,支撑着藻井天棚。办公区位于玻璃顶棚下部,采用柚木拼花地板,周围营业区采用大理石地坪。值得一提的是,大厅方柱的柱头采用折边回纹设计,散发着东方意蕴,又像是从爱奥尼克式柱头原型中抽取出来的几何化的装饰语言,带有"中西合璧"的特点。而檐部的铜钱状线脚纹饰则

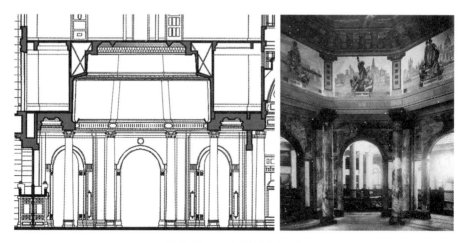

图 2-31   汇丰银行八角厅

是明显借鉴了中国传统建筑装饰符号，寓意对财富的追求。大厅南部的
"X"形剪刀楼梯，是顾客通往夹层的主要通道：主体采用米白色大理石
砌筑，楼梯扶手和门框采用黄色大理石，局部饰有线脚装饰，呈现出新古
典主义风格特点。（图 2-32）

图 2-32   汇丰银行中央大厅室内设计（现状）

一层西南部是银行的华人厅，主入口设在福州路上。大厅由六根方形大理石柱支撑结构梁，柱头和梁架饰有中国传统装饰纹样，营业柜台的台面及侧壁均用大理石贴饰，台面装有精美的青铜隔栅。此外，梁柱托座设计颇具匠心，形式借鉴了中式传统建筑的雀替造型，但比例略显肥硕。（图2-33）

图2-33 汇丰银行华人厅

银行底层东南角大班办公室的室内设计更是尊贵华丽：四周墙面采用雕饰精美的栗色柚木护壁，地面铺设井格状窄木地板，顶棚采用描金石膏藻井，中央为八角形，整个室内线脚层次丰富，雕刻华美细腻，一派奢华气质。此外，大楼内部多处设有材质不同、造型各异的壁炉，有的饰以古典元素，有的具有埃及风格，各具千秋，成为室内设计的亮点。（图2-34）

汇丰银行大楼是一个具有国际影响的建筑作品，曾被泰晤士报誉为"从苏伊士运河到白令海峡最华贵的建筑"。银行的室内装饰设计利用高档材料和经典风格，尽显华贵气势，体现了银行的雄厚形象。它的建成不仅为公和洋行赢得了极高的声誉，也把古典艺术与商业文化融合的设计理念推向了高潮。

图 2-34　汇丰银行大班办公室

　　值得一提的是，纵然汇丰银行的建筑设计以古典风格为傲，但其室内设计还是紧跟西方潮流，借鉴了当时欧美日渐盛行的现代设计风格，如楼内灯具设计或局部栏杆扶手设计借鉴了西方装饰艺术派风格。（图 2-35）

　　此外，作为上海分行，建筑师威尔逊（G. L. Wilson）因地制宜地吸收了中国传统建筑文化，并在此基础上演化出新的装饰符号，不失为中西融合的尝试，对其后来的室内设计作品也产生了重要影响。

图 2-35　汇丰银行室内细节设计

嘉道理住宅（1924 年）[①]

20 世纪初，嘉道理已经是上海滩著名的犹太富商。1919 年，他在上海的住宅失火，妻子不幸遇难，他悲痛万分，决定去英国生活一段时间，临行将自己新宅的设计交给了建筑师好友布朗。布朗嗜酒成性，据说酒后艺术感极佳，竟把一座私宅设计得如宫殿般气派，仅是预算造价就过百万银元，这在当时对于营建私宅来说可谓天文数字。嘉道理看到预算虽然惊诧，但面对如此美轮美奂的建筑艺术也不免欢喜，况且身为贵族的他也希望有一所能够彰显荣誉的家宅，于是当下就决定投资兴建这座宫殿般豪宅。

嘉道理住宅用地面积约 1.4 公顷，建筑占地面积约 1500 平方米，建筑面积 3300 平方米，后又增建一层（1929 年），面积增至 4692 平方米。建筑主体为二层，半地下一层，采用砖、木、混结构。建筑外观强调水平横线，主立面采取横三段、竖三段的对称式构图。南立面一层中央由四根爱奥尼克柱托起二层挑台形成门廊，构成视觉中心；两翼为方柱式柱廊横向延展，楣梁饰有齿状叶形线脚；二层设有露台，围以文艺复兴风格的箍柱式（Banded Column）栏杆，顶部檐口较深，饰有卵形线脚和螺旋形托檐石，拱窗和方窗对称布局。建筑外观以乳白色为基调，柱廊方柱与转角隅石涂刷暖黄色，结合机制红瓦坡顶，整体构图严谨气派，呈现出新古典主义风格特点。（图 2-36）

图 2-36　嘉道理住宅（现状）

① 思九生洋行设计，马海洋行监造，位于今延安西路 64 号，现为中国福利会少年宫。

建筑室内设计仿欧洲宫廷样式，尽显奢华。墙壁、楼梯、壁炉、浴室、地坪等，多用进口大理石装饰，因此亦有"大理石大厦"的美称。住宅共有大小房间 20 余间，可谓功能繁复。一层东部为主入口，有椭圆形进厅，中央为舞厅，周围环以棋牌室、书房、客厅、宴会厅、餐厅等功能性空间，北侧中轴位置设椭圆形楼梯间通向二层过厅。二层为卧室、浴室等房间。（图 2-37）

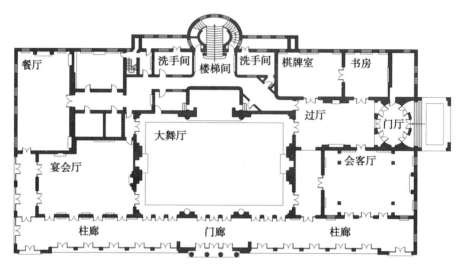

图 2-37　嘉道理住宅首层平面图

嘉道理住宅每个房间的设计都不尽相同。如一层客厅，墙面饰以白色大理石，简洁明净，顶棚构图严谨对正，装饰线条纤细轻盈，带有亚当风格的特征；餐厅则采用柚木护壁，稳重典雅，顶棚雕花清晰浓郁，呈现出维多利亚风格特点；而楼梯间则采用圆形穹顶，尽显古典风格庄重之感。其中最负盛名的还是中央大舞厅。舞厅三层通高，近 15 米，面积近 400平方米，其间并无立柱，可容纳 800 人共舞，气势恢宏。大厅顶棚以大理石堆砌成西式穹隆藻井，中央悬挂 8 盏精美的水晶吊灯；四壁采用方形柯林斯巨柱式托起房屋构架，通体用大理石雕刻；地坪四周铺设大理石拼花，舞池采用窄木拼嵌的柚木地板，工艺精湛，堪称典范。（图 2-38）

嘉道理住宅室内设计极尽奢华之能事，多用盛果纹、棕叶纹、花叶纹、圆花纹、卷草纹、连珠纹、绳纹、卵纹等古典装饰语汇，精雕细镂，且局部多用金箔贴饰，华贵惊艳、富丽堂皇，宅内灯具、楼梯栏杆及五金

图 2-38　嘉道理住宅中央舞厅及室内细部装饰设计（现状）

配件皆为制作精美的铜器。此外，住宅还配有空调系统，送风口设在各厅室靠外墙的地板上，回风口设在进门上方，保证了室内空气干爽宜人。

　　嘉道理住宅一竣工便闻名沪上，加之房主经常在此宴请宾客，使得这座"宫殿"成为旧上海各界名流常聚之所。值得一提的是，住宅室内设计以舞厅、宴会厅为重点，明显带有功利性，这一方面反映出嘉道理的精明——需要娱乐、宴请等功能空间维系人际关系，借以打开经营局面；另一方面也反映出近代上海上层社会奢靡的消费观念——借豪华装饰来体现自身的尊贵和实力。

上海邮政局大楼（1924 年）①

　　上海邮政局大楼占地面积 9.72 亩，建筑面积 25294 平方米，钢筋混凝土结构。建筑主体高四层，地下一层，主入口设在东南角，其上部建有一座巴洛克风格的钟塔，塔上铸有象征邮政业务的艺术雕像。大楼沿北苏州路和四川北路立面为主立面，共有 17 根科林斯巨柱式贯穿建筑底部三

---

　　① 思九生洋行设计，余洪记营造厂承建，位于今北苏州路 258 号，现为上海邮币卡交易中心。

层，柱头设计颇有特点：原本圆滑的涡旋设计成几何状卷曲造型，带有东方神韵，也似乎受到了装饰艺术派风格的影响。此外，建筑主立面采用仿石材水刷石饰面（天潼路立面采用机制红砖饰面），三、四层上部檐口较深，总体呈折中主义风格。（图2-39）

图2-39　建成之初的上海邮政局大楼

　　大楼一层和地下室是包裹业务和本市信件投递的工部间，二层为函件处理部门和邮政营业厅，三层是办公室，四层为外廊式职工宿舍。

　　大楼室内设计的重点在入口门厅和营业大厅。沿主入口拾级而上，来到椭圆形门厅，正对墙面装饰有古典盲窗，上部设有挑台，托架雕饰精美。地面镶贴马赛克碎花图案，顶棚为椭圆形石膏穹顶，饰有古典玫瑰花饰。两旁有弧形封闭式双跑楼梯直达二层营业大厅，而楼梯踏步设计带有新艺术运动风格的特征。整个门厅墙面采用米色大理石饰面，光亮雅洁。二层营业厅贯穿大楼整个南部，面积1200平方米有余，东侧为函件收寄业务区，西侧为汇兑金融业务区，中间设有移动铁栏，可互不影响。整个营业厅地面采用马赛克拼贴出黑白相间的碎花图案，方柱顶部用西式多层级线脚代替柱头装饰，借以缓和梁架带来的视觉压力。顶棚梁架藻井采用简洁的井格分割，有齿状线脚或希腊回纹装饰。营业柜台用墨绿色和白色大理石饰面，上部设有精美的铜质隔栏。整个大厅通敞明亮，当时有"远东第一大厅"之誉。三层的局长办公室宽敞舒适，由两根多立克柱式将空间分为办公区和会客区两部分，顶棚抹平处理，墙面依结构做框饰，靠组团家具和地毯来进一步分割室内不同的功能区域。（图2-40）

图 2-40　邮政局底层门厅（左）和营业大厅（右）

上海邮政大楼作为官方建筑，在形式上采用西式复古风格，反映出当时上海古典复兴风格的潮流地位，而其内部分划又充分考虑了功能需求，室内设计也是依功能展开，又能看出现代设计思想的影子。它的建造曾被誉为 20 世纪 20 年代上海十大名建筑之一，为近代上海邮政事业发展做出了卓越贡献。

金城银行（1927 年）①

20 世纪 20 年代，随着北伐战争胜利和南京国民政府成立，北方财团逐渐南移，上海因其特有的金融地位，成为银行业南迁的主要目的地。为适应业务发展，金城银行拟在上海建造一座大楼作为行址"以壮观瞻"，请归国不久的建筑师庄俊担纲设计与督造。

庄俊（1888—1990），原籍宁波，1910 年考取庚款公派留美，1914 年获美国伊利诺伊大学建筑工程学学士学位，归国后任清华学校（现清华大学）讲师兼驻校建筑师。1923 年受学校委派护送百余名学生赴美留学，行程中他借机在哥伦比亚大学进修建筑学，深受学院派建筑教育的熏陶。1925 年回国后，在上海创办庄俊建筑师事务所，是上海第一家以国人姓名命名的建筑设计事务所。金城银行大楼是庄俊在上海的第一件作品，并以此奠定了他在上海建筑界的地位。

银行大楼初建为四层，1930 年加建二层（新中国成立后又加建一层，现为七层建筑），建筑占地面积 1930 平方米，加层后建筑面积 9738 平方米。大楼采用深桩基础，钢混结构，坐东朝西，沿江西中路一面为正立

---

① 庄俊设计，申泰营造厂承建，位于今江西中路 200 号，现为交通银行上海分行。

面。与以往上海古典风格建筑有所不同，金城银行的主立面并不强化柱式的体量装饰作用，仅是在主入口处用两根塔斯干柱及两侧半壁柱托起刻有行徽的鹅颈式门楣——这是出于基址条件的考虑，因为与建筑相邻的街道并不算宽，巨柱式构图不易形成完满的视觉效果。大楼外立面贴苏州产花岗石，除局部有古典风格装饰外，整体简洁明了，表现出折中主义风格特征。（图2-41）

图2-41　建成之初的金城银行（左）及如今的入口外观（右）

　　银行一层为储蓄部、办公室、大库房等功能空间；二层为营业部、保管库、会计处、文书处、经理室等；楼上四层均为出租用房。（图2-42）
　　银行大楼内部空间设计充分体现了建筑师的巧妙构思。一般来讲，大多银行建筑在内部空间布局时，往往会把营业部安设在离主入口不远的核心位置，追求视觉的连贯。而金城银行只有一面临街，其余与周围建筑相接甚近，不利于室内采光，这对于银行办公来讲，实为一件难题。庄俊在室内设计时充分考虑到了这点，他把营业部、办公室等需要用光的空间设置在临路的一面，而不需用光的库房则设置在中间位置，并选用光洁的大理石进行室内装饰，既凸显了气派，又增强了光线在室内反射，很好地解决了采光问题。此外，建筑师在进行室内空间布局时，采用了动线分离的方法，客户仅从西侧主入口出入，而工作人员则从旁门进出，这样有利于银行的安全性。
　　整个银行内部装饰材料选用进口大理石，装饰设计也体现出建筑师深厚的古典功底：一层大厅地面采用方形带倒角的浅色大理石呈45°角斜

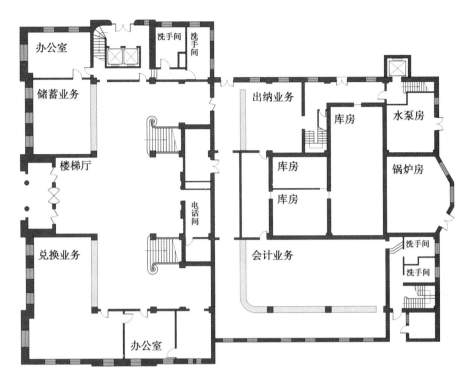

图 2-42　金城银行首层平面图

铺，间置正方形黑色小块大理石，再用黑色大理石收边；厅内周遭采用大理石护壁，方柱柱帽饰有古典风格的三陇板，所有门洞均饰以浅色大理石雕刻的巴洛克风格框式门扉，踢脚亦用黑色大理石，与地坪边框呼应；顶棚采用白色井格藻井，深色线脚予以强化，次梁设有古典式托座，梁上间有圆花装饰。楼梯厅作为内部"门面"，两层通高，颇具气势，采用平行双合式楼梯，扶手栏杆及二层围栏均采用方瓶式栏杆，中柱还置有西式花钵，引人瞩目；二层营业部为开放式空间，装饰设计与一层呼应，窗洞采用古典拱券，强调拱心锁石的装饰性，护壁上部做几何框饰，带有文艺复兴风格特点。整体空间开敞明朗，气宇不凡。当时《中国建筑》杂志编辑麟炳曾对金城银行有过这样评价："彩玉铺地，粉饰其墙；方格乃顶，钢架其窗；视之有古气，材料反新装；开'古典派'之别面，驾新式派之远上。别具匠心，可为标榜。"[1]（图 2-43）

图 2-43　金城银行室内环境
注：左上入口门厅、右上楼梯厅、左下主楼梯、中下右下二层营业大厅。

　　此外，银行大楼附属工程也很讲究，所有管道皆用铜质，配备了约克洋行（YORK）提供的暖气设备，奥的斯（OTIS）电梯和西门子（SIE-MENS）电话设施，可谓"无一不采用优异者"。

　　20 世纪初，西式古典风格建筑风行上海，尤其银行业以营造西式复古建筑奉为体现实力的象征。我们不难想象，业主难免会随波逐流要求建筑师以西式古典风格进行设计，但作为一家实力不凡的中国银行，选择中国建筑师设计也反映出当时国人求自强的心境。庄俊作为我国第一代留学归来的建筑师，不辱使命，出色完成了设计任务，证明了国人的能力，也为自己赢得了声誉。自金城银行大楼竣工之日起，广受好评，成为近代上海最具代表性的西式古典风格建筑之一。

江海关大楼（1927 年）①

　　自鸦片战争后，西方列强就一直垂涎于中国的海关主权。1853 年，殖民者借口小刀会起义，诱迫清政府建立外籍税务司制度，并同意将中国

---

　　①　公和洋行设计，新仁记营造厂承建，位于今中山东一路 13 号，现归属于上海海关。

海关设在当时的英租界。1859 年，第一代江海关署在租界外滩落成，就建筑形式来看，当时的地方政府还是极力想维护国家主权形象，硬是在洋行林立的外滩建起了一座典型的中国式署衙。1891 年，江海关在原址重建（1893 年冬竣工）。重建的江海关正值上海开埠 60 周年，大楼一改昔日的中国传统建筑形式，变成一座典型的英式维多利亚风格建筑。到了 1925 年，这座海关大楼不敷使用，再次被拆除重建，新建大楼于 1927 年底落成，即我们今天见到的样子。

　　新建的江海关大楼采用片筏基础，钢筋混凝土和钢框架结构，外部贴挂花岗石，占地面积 5915 平方米，建筑面积 20373 平方米。大楼分东西两个部分：东部为主楼，面向外滩，总高 11 层，上有三层钟塔一座；西部高五层，一直延伸至四川北路。大楼主立面采用折中主义三段式对称构图设计：一、二层为粗石斫面基础，给人以牢固之感，入口处地道的多立克式柱式更是增添了大楼底部的力量感；三至七层为标准层，外部装饰简化，强化竖向线条；七、八层中部有较深出檐，八层由四角的方墩围合成钟楼"基座"，方墩上部的山花框饰带有明显的古典韵味；大楼顶部的钟楼，层层收进，凸显高耸挺拔。整体来看，竖向线条和简化的立面处理能使人感受到装饰艺术派风格的影响，这也使得整个大楼较以往的古典建筑更具现代感。（图 2-44）

图 2-44　三代江海关大楼的建筑外观

注：左上第一代江海关署衙（1859 年）、左下第二代江海关建筑（1893 年）、右新江海关大楼（1927 年）

　　大厦一层主要为江海关总办公室，后部设有员工食堂。二至五层为办公室、会议室和生活区，六至八层为套房，供高管使用。九层以上是设备间等。

　　进门的江海关大厅是大楼室内设计的重点。几何分格的顶棚饰有精致的石膏线脚，中央八角形藻井的每个面上都有用马赛克镶拼的海事图案，寓意大楼的职能。藻井下方还设有一座精美的铜质射顶灯，灯光照亮整个藻井，形成大厅的视觉中心。大厅的方形立柱采用大理石贴饰，柱头有贴金花饰，柱式粗丽，支撑整个藻井。整个大楼门厅、走廊及楼梯踏步等公共空间，皆用白底黑边图案的马赛克铺地，简洁大方。二层的江海关报关大厅拥有被称作"世界上最长的柜台"，长610英尺（约186米），柜台侧壁用大理石贴面，台面铺设绿色台呢，上压透明平玻，柜台上方和外侧有精细的铜质护栏。报关大厅的墙裙采用绿色釉面砖贴饰，便于清洁保养，上部压白色线脚收边，顶棚主梁和柱头皆有简化的线脚装饰，等距装有吊灯和风扇。大厅中部设有一个吊钟，方便办事员掌握时间，整个报关大厅室内设计凸显简洁与高效。（图2-45）

图2-45　江海关大厅（左）和江海关报关大厅（右）

　　三楼东部靠向外滩的地方，是江海关税务司办公室。北侧是英人税务司梅和乐（F. W. Maze）先生的办公室：其房间内部采用柚木护壁，护壁上方贴有大花壁纸，顶棚为露梁井格藻井，主梁的撑托雕饰精美，门扉饰有古典线条，房间整体呈现出维多利亚式风格特点。南侧为华人税务司办公室，室内藻井及细部装饰借鉴了中国传统建筑装饰符号，散发出东方意味。（图2-46）

图 2-46　英人税务司办公室（左）和华人税务司办公室（右）

　　建成之初的江海关大楼是外滩甚至上海最突出的标志性建筑，威尔逊在设计之初就考虑到要与旁边的汇丰大楼相协调，这点在大楼外观设计和室内设计上均有体现。江海关大楼的室内设计风格相对保守，但建筑设计则是公和洋行从古典风格转向装饰艺术派风格的一个重要尝试，这也为其后来的一个重要设计项目"沙逊大厦"在实践上做出了准备。此外，三代江海关大楼建筑设计的演变历程也从侧面反映出近代上海建筑文化发展的演进脉络，即"抵制→模仿→追求现代"的演进脉络。

沙逊大厦（1929 年）[①]

　　沙逊大厦由大名鼎鼎的沙逊家族成员维克多·沙逊（Ellice Victor Sassoon）投资兴建。沙逊家族原是定居巴格达有数百年之久的犹太人世系，善于经商。18 世纪末，巴格达反犹活动日渐加剧，大卫·沙逊（David Sassoon）于 1832 年将全家迁往当时的英属殖民地孟买定居，随后加入英国籍并设立沙逊洋行。第一次鸦片战争时期，大卫·沙逊的次子伊利亚斯·沙逊（Elias David Sassoon）前往香港开办商行，于 1845 年在上海设立分行。1872 年伊利亚斯·沙逊在孟买自立门户，开设新沙逊洋行，亦在上海设立分行。靠着对华鸦片贸易，新沙逊洋行积累了大量资本，到了第三代接班人维克多·沙逊（伊利亚斯之孙）的时候，洋行进军上海房地产领域，凭借着雄厚资本和金融垄断，维克多·沙逊很快就成为上海房地产大王，并决定建造彰显其实力、权利的"远东第一高楼"沙逊大厦。

---

　　① 公和洋行设计，新仁记营造厂承建，位于今南京东路 20 号，现为和平饭店北楼。

　　沙逊大厦是近代上海首幢超过 10 层的建筑，最高 13 层，局部 9 层，总高达 77 米。大厦占地面积约 4617 平方米，总建筑面积约 36895 平方米，主体为钢骨混凝土结构（九层以上为减轻荷载采用纯钢结构），楼板为现浇钢筋混凝土，大厦外部除西立面及九层以上采用泰山砖贴面外，其余均为花岗石贴面。大厦整体设计采用竖向线条，顶部设有高达 19 米的墨绿色暗红边金字塔形铜顶一座，腰线与檐部用几何纹样装饰，并在重点部位安装有象征沙逊家族族徽的灵缇犬雕刻。整座大楼昂首峻立，属于同时期西方盛行的装饰艺术派风格。（图 2-47）

图 2-47　建成之初的沙逊大厦

　　大厦内部空间设计借鉴了美国早期高层商业建筑的竖向功能分区模式，功能丰富、井然有序，建筑平面呈"A"字形，一层为商业用房，内设"丰"字形内廊，廊内两侧为高档精品店，东西向纵廊中心部位的八角厅是整幢大楼最为高敞的公共空间。二层以上设有自东向西的三个内院天井，供采光通风。二至四层为办公用房，空间划分相对自由，靠建筑外侧光线、视野相对舒适的办公空间，其面积大于环内廊办公空间，这充分体现了商业利益最大化的设计原则。五至七层为华懋饭店客房区，[①] 有客房 200 间，其中东部临近外滩处布有 9 间特色套房。八至九层是饭店的餐饮区，初期八层有巴西利卡式的主宴会厅（今和平厅）、阅览室、休息室、后勤用房等，1933年阅览室、休息室等改建为中式风格的西餐厅（今龙凤厅和和平扒房）。九层东边为中式风格的宴会厅（今九霄厅），十层的私人宴会厅（今沙逊阁）与十一层的套房为沙逊自用。由于复杂的竖向功能分区，除步梯外，大楼一层分东、中、西三部分，共设有 12 台大小电梯到达不用功能区域。（图 2-48）

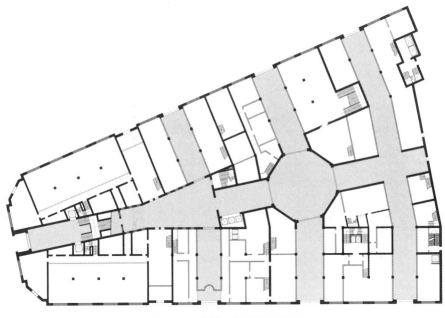

图 2-48　沙逊大厦首层平面图

大厦内部公共空间室内设计充分展示了装饰艺术派风格的时尚魅力。建筑一层的"丰"字廊，墙面拼贴大理石，顶棚采用规律的几何纹样装饰，体现出装饰艺术派风格所营造的典雅品位和高端的商业氛围。而位于一层中心部位的八角厅是大厦底层的高潮部分，穹顶采用八边形双层钢构玻璃，局

部饰有灵缇犬族徽纹样，空间的界面装饰采用折线造型和重复几何图案，这些均是装饰艺术派风格惯用的设计手法。位于八角厅东北侧的美国吧（休闲吧）装饰相对简洁，轻松的家具布置和墙面的风光壁画营造出一种舒适愉悦的空间感受。总体来看，大厦公共空间在材料选择、色彩搭配、图案风格上竭力强化出直线条的装饰美感，追求着时尚高贵的格调。（图 2-49）

图 2-49　沙逊大厦底层公共空间室内设计（现状）

　　华懋饭店的九国套房位于大楼东部，分别为五层的德式、印式、西班牙式套房，六层的法式、日式、意大利式套房，七层的中式、英式、美式套房。这 9 间套房无论是房内设施配置还是窗外景色，都堪称当时上海最为舒适的地方，可谓闻名遐迩。各套房面积为 100—124 平方米，均含有客厅、餐厅、卧室、主次卫生间和储藏室。套房的室内设计采用了各具地方特色的装饰语言，其中又以英式、美式、印式套房最为豪华。英式套房华美的石膏吊顶和栗色木质护壁，充分体现了英国乔治王朝时期室内装饰的特点。美式套房总体上沿用了英国詹姆士一世时期的装饰风格，但其护壁上方的斜撑装饰和绳纹雕刻又带有美国早期殖民地时期的特点。印式套房使用了葱形拱、马蹄形拱和花瓣形拱等带有伊斯兰风格的装饰母体。尤其是其客厅藻井的图案设计，枝叶与花卉相互萦绕，装饰意味极强。中式套房相对简洁明快，但从室内月洞门设计以及室内陈设装饰来看，又能显示出设计师并非完全遵从传统中式室内设计章法，仅仅只是借用了中式符号进行重组与融合。（图2-50）

图 2-50　沙逊大厦特色套房
注：左上美式套房、左下中式套房、右上印式套房、右下日式套房

　　大厦八层的主宴会厅（今和平厅）是饭店举办大型宴会或舞会的地方，采用巴西利卡式古典建筑空间，庄重典雅：两侧各有 5 根列柱形成侧廊，柱面设有壁龛，配以拉力克玻璃雕饰；廊上开半圆形拱窗，窗下带有几何装饰纹样，顶棚采用折线式拱顶，用直线条分段强化出空间的纵深感；地面铺设柚木弹簧地板，是上流社会休闲聚会的高档场所。宴会厅东部的龙凤厅是饭店的中式餐厅，室内设计色彩艳丽，装饰繁杂。餐厅藻井中央雕有龙凤呈祥纹样，周边环以蝙蝠、祥云等祥瑞图案，整体以青绿色调为主，重点部位做描金处理，传达出中国文化的富美风韵。立柱及壁柱采用大红底漆勾以金色如意纹案，凸显喜庆氛围，而立柱上方连接藻井的雀替设计与汇丰银行华人

厅的雀替造型极为相似，稍有肥硕之感。（图2-51）

图2-51　沙逊大厦八层龙凤厅（现状）

位于大厦九层东部的九霄厅，景观条件十分优越，其东、南、北侧均为观景平台，是饭店最为高档的餐饮宴会场所：室内壁柱采用"二龙戏珠"的装饰纹样，梁枋上的枋心彩画又使用民居建筑常用的"暗八仙"题材，餐厅的家具设计也是"亦中亦西"。整个空间大量使用中式元素，但并未按传统做法行事，却也营造了一片素雅氛围，充分体现了海派风格的独特魅力。值得一提的是，九霄厅大门上镶嵌着由拉力克玻璃制成的圆形双面游鱼浮雕玻璃艺术品，造型生动、工艺精湛。拉力克玻璃在烧制过程中融入了锑、砷和钴，在光线照射下，玻璃内部晶莹剔透，极其美妙，因其工艺复杂性，无论是当时还是现在都极为珍贵。（图2-52）

图2-52　沙逊大厦九层九霄厅

　　大厦十层、十一层的沙逊私宅室内设计采用英国上流社会所青睐的詹姆士一世风格，柚木嵌板和顶棚结构梁均雕有精美花饰。每当沙逊站在自己的阳台上俯瞰外滩时，背靠散发英伦贵族气质的"沙逊阁"，仿佛整个上海就在他的脚下，也许这就是满足其傲慢心理和炫耀财富的最好方式。

　　此外，在整个大厦室内设计的诸多细部处理上（如窗棂、灯具设计、扶手栏杆等）均采用了当时欧美盛行的装饰艺术派风格，且制作精妙细腻，堪称艺术品，这也反映出西方潮流文化对近代上海室内设计发展的强烈影响。（图2-53）

图 2-53　沙逊大厦室内细部设计

　　沙逊大厦的室内设计紧跟国际潮流，容纳了各种各样的经典风格，可以说是20世纪二三十年代上海室内设计艺术的"集大成者"。由于大厦优越的地理位置和沙逊家族的显赫身世，加之其现代化的设计理念与装饰手法，它的落成引领了上海的"摩登"风潮，标志着近代上海建筑文化发展开始走向装饰艺术派潮流时期。

百乐门舞厅（1932年）[①]

　　上海自开埠以来，外侨就把西式生活带到了这里，跳舞作为夜上海最具影响力的娱乐活动，逐渐受到了时尚男女的追捧。早在19世纪70年代，租界已经有了营业性舞厅，到了20世纪20年代，上海舞厅业的发展已经颇具规模。20世纪30年代，作为一种时尚的交际方式，跳舞热迅速蔓延，甚至

———————————

　　① 杨锡镠设计，陆根记营造厂承建，位于今愚园路218号，现为百乐门舞厅。

"颇有不能跳舞，即不能承认为上海人之势"。随之而来的便是舞客人数日渐庞大，火热的生意和众多舞客引起了商家注意，舞厅如雨后春笋层出不穷。企业家顾联承看准商机，决定建造沪上最大的舞场。他找到建筑师杨锡镠，经过三个月设计和九个月建造，终于完成了这座"远东第一乐府"。

杨锡镠（1899—1978 年），籍贯苏州，1922 年毕业于上海南洋大学土木科，曾在吕彦直、过养默、黄锡霖开设的东南建筑公司供职，1924 年同黄元吉等人合办凯泰建筑师事务所，1929 年自办杨锡镠建筑师事务所。1934 年曾任《中国建筑》杂志发行人、《申报》建筑专刊主编，新中国成立后继续投身中国建筑事业。杨锡镠并无留学经历，在当时来讲也非出身名校，但凭借自身勤奋努力，在中国近现代建筑史上也占有一席之地，百乐门舞厅可以说是他的成名之作。

百乐门舞厅主体为三层，局部四层，占地面积 930 平方米，建筑面积 2550 平方米，钢筋混凝土结构。建筑立面强调垂直线条，并设有竖向简洁长窗。转角处顶部有一座高 9 米的圆柱形玻璃灯塔，呈逐级升高状，加之灯塔上部的旗杆，凸显高耸气势。建筑平面沿道路向两侧展开，主入口设在路口转角处，入口上部吊有雨棚。此外，舞厅建筑外部安装有霓虹灯设备，入夜时分，绚丽夺目。整体来看，百乐门舞厅属于典型的装饰艺术派风格。（图 2-54）

图 2-54　建成之初的百乐门舞厅

　　大楼一层主要为临街店面、主次入口和后勤用房等，二、三层沿万航渡路一侧为舞厅，沿愚园路方向为客房。（图2-55）

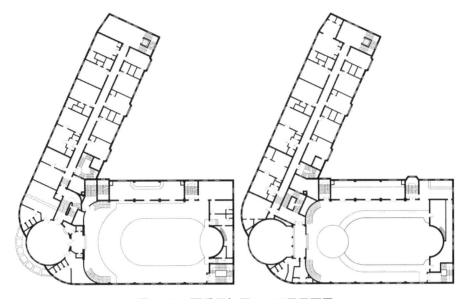

图2-55　百乐门舞厅二、三层平面图

　　进入舞厅，门厅周围墙壁用大理石贴面，嵌有竖向灯箱，楼梯上方亦有方形灯箱，整个门厅虽面积不大，但颇具现代感。位于灯塔下二楼的圆形休息室设有衣帽间、售卖部、盥洗室等功能用房，中央放置环形沙发和艺术落地灯，四周散布克罗米沙发（镀铬钢管家具），凸显时尚气息。穿过休息室，便来到了建筑的核心功能区——跳舞厅。（图2-56）

　　跳舞厅的室内空间设计可谓匠心独具，建筑师杨锡镠对舞厅设计曾有这样一段解释：

　　　　该舞场既拟为沪上最大之舞场，则必须客千人左右，方可供各项盛大宴会之需要。然客人多则占地面积必广，封于内部布置上殊感困难。缘群众心理，赴宴舞者皆喜热闹，而恶孤寂。舞厅内容，若过分庞大，在星期假日或盛大宴会时，佳宾满座，固属倍形欢乐；然平日间以少数宾客，置于硕大无垠之广厅中，则有寥落不寂之感，甚非所宜。……为解决此困难起见，遂决定将舞厅划分为数部段，添建楼座，及增设可容数十人之宴会室二间，与大舞厅相连，隔以垂帘。如

图 2-56　百乐门室内环境

注：左上为入口门厅、右上为二层圆形休息厅、下二为跳舞厅。

是，则宾客之至者，依自然之趋势，先就大舞厅楼下而坐，楼下客满，则自然必循级而至楼座，楼座再满，则开宴会室以客之。楼下约容客四百余座，楼厅约容二百五十座，宴会二间各容七十五座。如是则百余人至八百余人，皆可应付自如，不觉拥挤，亦不觉寥落矣。[①]

百乐门舞厅的室内装修豪华现代，多用钢精（铝合金）和玻璃等材质，其设备也堪称一流：三层圆形小舞池采用进口玻璃地板，下设电灯，灯光会随着音乐节奏而闪烁，目眩神迷，增强舞者的快感；舞厅具有先进的新风系统，吊顶上布有送风孔，地板四周暗藏回风孔，每 10 分钟换气一次以保室内空气清新干爽；舞厅内部共有 18000 盏可自由调节的电灯，华灯点亮，使整个室内流光溢彩。此外，出于安全考虑，舞厅还安装有40 盏应急灯。

二层大舞池的弹簧地板是百乐门舞厅的独到之处，采用悬挑式木质弹

---

① 杨锡镠：《百乐门之崛兴——杨君之言曰》，《中国建筑》1934 年第 1 期。

簧结构，工艺简单但经济实用。这种构造原理是将地板铺设在一个两端挑出的杠杆上，杠杆中部固定于地面龙骨，两端设有圆轴，使用圆轴一来可以使地板微微地左右晃动，二来可以使重力集中在杠杆的两端，使木质杠杆产生最大的翘度。在这种弹簧地板上跳舞，动感十足，增添了舞者的激情，也成为了百乐门舞厅的最大特色。（图 2-57）

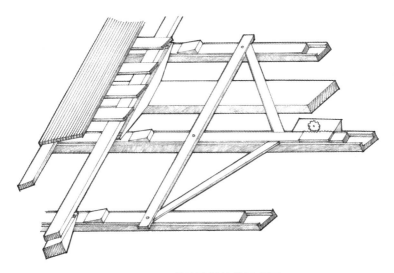

图 2-57　弹簧地板结构示意图

百乐门舞厅建成后，随即轰动整个上海，各界名流都曾在此留下足迹，一时间，百乐门成为了老上海繁华时尚的象征。建筑师出色的室内设计可谓功不可没，舞厅设计紧跟时尚潮流，采用当时最流行的装饰艺术派风格，多用线条装饰，凸显现代感，并且依据科学方法创新施工设计工艺，很好地契合了市场需求，也显示出近代上海室内设计发展追求创新的特征。

大光明大戏院（1933 年）[①]

大光明大戏院前身系潮州商人高永清在 1928 年与美商合作创办的大光明影戏院（老大光明）。老大光明由英商道达洋行设计，是一幢古典风格建筑，开业后曾轰动一时，后因播放辱华影片《不怕死》导致不良影

响，加之经营不善于 1931 年秋停业。英籍广东人卢根（Lokan）得知此事，决定收购老大光明，并斥资 110 万元将旧戏院拆除重建，聘请建筑师邬达克担纲设计。邬达克在当时已是颇具名气的建筑师，由他设计的宏恩医院、慕尔堂等均是老上海的知名项目。有着正统建筑教育背景的邬达克深谙古典建筑语言，但这次业主是要建成极具现代感的"远东第一影院"，且基址平面呈三角形，条件并不算好，这对建筑师来说也是一个挑战。邬达克在 1931—1933 年之间，先后为大光明大戏院设计了三套方案，最终以最为成熟的第三套方案实施。（图 2-58）

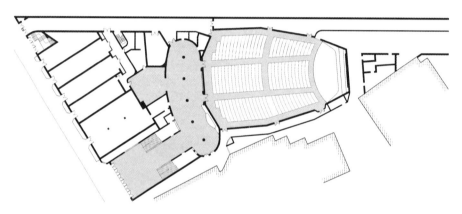

图 2-58 大光明大戏院平面图

新戏院占地面积 4016 平方米，建筑面积 7902 平方米，南侧戏院主体二层，北侧附属用房局部四层，采用钢筋混凝土结构。建筑坐北朝南，主立面面朝静安寺路（今南京西路），长约 70 米，限于层高，整个立面略显狭长。为凸显现代感，设计师别出心裁地采取横竖线条交错的形式，运用光影手法和曲面造型强化线条的装饰效果，既丰富了立面构图，又使整个建筑显得轻盈。戏院入口在主立面东侧，由 12 扇铜框玻璃门组成，上部为横向灯箱雨棚，雨棚上面是五列竖向玻璃长窗，与横向雨棚形成对比。戏院入口左上方设有一座高达 30.5 米玻璃灯塔，起到了统领整个建筑轮廓的作用。暮色降临，灯火通明，数里外也能一眼望穿。总体来看，新戏院建筑立面设计层次丰富，虚实得当，大片玻璃窗的使用使建筑更具现代感。（图 2-59）

新戏院一层为进厅、休息厅、放映厅、商业门店及后勤用房。进厅两

图 2-59　建成之初的大光明大戏院

层通高，左侧为售票处，右侧为服务部，正对面是通往一层休息厅的通廊，两侧布有 2.5 米宽的直行双跑楼梯通向二层，楼梯护栏采用铜质扶手，栏板上有曲线造型的黑色大理石压顶，凸显线条的装饰美感。地面铺设井格分划的大理石，拼缝处嵌有 2 毫米宽的铜条，并且地板中心部分饰有建筑师精心设计的装饰符号（又称"邬达克符号"）。进厅墙面下部采用大理石护壁，上部为构成形式的抹灰喷涂，吊顶用金色涂覆，配以灯光洗射，一片华美景象。

　　穿过通廊来到一层休息厅，首先会看到一池水景，水柱跃动，五彩缤纷，为室内空间增添了灵气。一层休息厅平面呈竖形，这样做既扩大了放映厅的有效面积，又不使休息厅显得局促，地面铺设的大理石拼花及吊顶均依势采用曲线造型。值得一提的是，吊顶采用三层光学玻璃配以铜质边框，灯光洗射，现代感实足。二层休息厅装饰手法因循一层，只是水景设于中部位置。总的来看，新戏院室内设计带有明显的装饰艺术派风格特点。（图 2-60）

　　放映厅是戏院的核心空间，沿基址长边布置成钟形，长 31.5 米，宽 26.4 米，高 17 米，分上下两层，共 1961 个座位，是当时全国专业戏院中座位最多的一家。放映厅北侧为弧形舞台，既可以放映电影，又可供演

图 2-60 大光明大戏院门厅、休息厅室内环境

出使用。设计师充分考虑了房屋声学，在放映厅墙面采用了吸声材料以优化音响效果，而地坪也拌有木屑可以吸音。放映厅顶部采用三级曲线造型石膏吊顶，浅灰绿色涂覆，线脚用金箔勾勒，华灯点亮，整个大厅金碧辉煌，光彩夺目。（图 2-61）

大光明大戏院作为老上海高档的休闲娱乐场所，除放映影戏外，另配有咖啡馆、弹子房、跳舞厅等消闲场所，戏院还耗资 30 万进口美国开利（Carrier）空调设备，这在当时上海影院界堪称唯一。除了有一流的硬件设备和优质服务外，在细节设计上大光明大戏院也均做到了豪华精致，例如在进厅的楼梯踏面、休息厅、放映厅均铺设了羊毛地毯，凸显档次的同时又起到了很好的吸声效果；而每个休息厅均设有衣帽间和设施完备的洗手间，放映厅每个座椅背后装有挂钩，方便顾客使用，并且在靠过道的位置还专设了儿童座椅。这一系列的细节考虑极大提升了大光明大戏院的档次，使其成为名副其实的"远东第一戏院"。

大光明大戏院建筑极具表现主义色彩的装饰艺术派风格外衣，使得建

图 2-61　大光明大戏院放映厅室内环境

筑师邬达克登上了现代建筑的国际舞台。1934 年 9 月的 *Architecture Now*（今日建筑）和 1935 年 5 月的 *Der Baumeister*（营造大师）都对大光明大戏院项目有所介绍，英国皇家建筑师学会还来信要求邬达克提供一些大光明大戏院的照片和设计稿归入他们的档案；1935 年 12 月，德克斯特·莫兰德在西班牙杂志 *Obras*（作品）中这样称赞道："上海大光明大戏院的布局和装饰是如此现代，跟所有欧美的设计并无二致，它是我所见过的最优秀的案例。"

20 世纪 30 年代，上海是一座追求现代的"摩登"城市，年轻人对新异事物趋之若鹜。大光明大戏院凭借着风格鲜明的现代外表和高品质服务，以及与欧美同步的时尚性，使得年轻男女去大光明大戏院看电影不仅是为了消闲时光，甚至成为了一种"摩登"身份的象征，它的成功充分反映出人们对现代化的迫切追求。

上海市府大楼（1933 年）、上海博物馆（1935 年）、上海图书馆（1935 年）①

20 世纪 20 年代末，中国建筑界掀起一股传统复兴思潮，活跃在上海的华人建筑师积极响应，设计出许多优秀作品，其中依托"大上海计划"兴建的一些重要建筑无疑是传统复兴潮流的最有力代表，也体现出华人建筑师对推动传统建筑文化发展的尝试。

在"大上海计划"中，市中心区域规划是其核心，中心行政区计划是其重点，而市府大楼的建设又被视为重中之重，具体方案采用社会征集

---

① 董大西设计，朱森记营造厂承建，现分别为上海体育学院办公楼、长海医院影像楼、杨浦图书馆。

的办法。在方案征集任务书中，官方文件对市府建筑的式样有明确规定：

> 市政府为该区域之表率，建筑须实用、美观并重，将联络一处，成一庄严伟大之府第。其外观须保存中国固有建筑之形式，参以现代需要，使不失为新中国建筑物之代表。

1930年2月，共有19份方案应征，最终评定了一、二、三等奖和佳作奖。但当局对获奖作品并不十分满意，决定自己成立建筑师办事处，由董大酉担任主任，负责中心区域建筑的设计、监理等事宜。1931年4月，当局决议通过了董大酉设计的"市政府新屋图样"。

董大酉（1899—1973年），生于杭州，1924年获美国明尼苏达大学建筑学士学位，1925年获该校建筑及城市设计硕士学位，1926—1927年在美国哥伦比亚大学研究生院进修美术考古博士课程，1928年曾在纽约墨菲建筑事务所（Murphy & Dana Architects）供职，同年归国，加入上海庄俊建筑师事务所。1929年，董大酉与美国同学E. S. J. Phillips合办苏生洋行（E. Suenson & Co. Ltd，上海）。1930年，董大酉担任上海中心区域建设委员会顾问兼建筑师办事处主任建筑师，同年创立董大酉建筑师事务所，1937年，他与张光圻合办董张建筑师事务所，新中国成立后继续投身中国建筑事业。市府大楼是董大酉建筑生涯的一个重要代表作品，也预示着"大上海计划"付诸实践的开始。

市府大楼于1933年10月竣工，为四层建筑，局部地下一层，建筑面积8982平方米，钢筋混凝土结构。大楼外观颇具中国传统宫殿气势，横向、竖向均分为三段。横向上：中部高两翼低，采用对称式构图，且中部进深大于两翼。竖向上：下段为台基，设有御路直通二层，台基为石砌莲花须弥座，其上设有传统石栏杆；中断为宫殿式梁柱结构，檐柱涂饰朱红油漆，额枋部位饰以彩画；上段为屋顶层，铺设绿色琉璃瓦，中部为歇山顶，两翼为庑殿顶，顶下饰有斗栱。整个建筑设计借鉴故宫皇家建筑，庄重大气，章法得体，可以看出建筑师对传统建筑设计手法处理的游刃有余。（图2-62）

大楼依据政府办公需求进行内部空间划分：一层为厨房、食堂、办公室等，二层为大礼堂、图书室及会议室，三层主要是办公室，四层利用屋顶空间，为储藏室、档案室、仆役室等。一层设有四个入口，靠十字形走

图 2-62　建成之初的上海市府大楼

廊连接各室，中厅两侧有步梯和电梯各一部。（图 2-63）

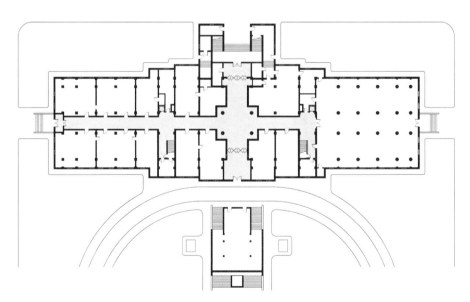

图 2-63　市府大楼首层平面图

　　市府大楼室内设计采用中国传统建筑式样，如平旗天花、朱柱彩画等，家具灯饰、楼梯扶手也带有明显的传统色彩。值得一提的是，一层中厅地面的中心部位嵌有上海全市地图，并将新市中心区域凸显出来，以示政府雄心。二层大礼堂是整幢大楼室内设计的重点，其顶棚设计借鉴了故宫养心殿的藻井形式，中央采用八角星形构图，只是蟠龙藻井简化成了青天白日图案。大楼落成之日全市放假一天以示庆祝，并对市民开放三天，其间有大型集会活动，当时可谓人潮滚滚，盛况空前。（图2-64）

图 2-64　市府大楼室内环境
注：左上为底层走廊中厅、右上为底层食堂、左下为二层大礼堂、右下为市长办公室。

　　市府大楼建筑设计明显带有传统宫殿的特征，能看出当局试图以建筑形象凸显中华文化，增强民族信仰的决心。但是为求坚固宏丽，采用现代技术套用传统式样，难免显得生硬烦琐，颇有堆砌之感，且造价不菲。在随后兴建的另外两座建筑"上海博物馆"和"上海图书馆"设计时，建筑师董大酉尝试了新做法，试图寻求更为理想的传统建筑文化复兴。

　　上海博物馆和上海图书馆是一对"姊妹楼"，位于市府大楼南侧，面向而对，均于1935年建成。在这两座建筑设计上，建筑师采取"中西结合"的设计手法，即方形体块之上树以传统门楼，局部施以传统装饰符

号。这种设计手法在当时尚属创新之举，不可否认是一种"中国古典复兴"的新探索。（图2-65）

图2-65 建成之初的上海博物馆（左）和上海图书馆（右）

这两栋建筑室内设计大同小异，均是在满足空间功能基础上采用中国传统建筑装饰手法，只是在彩画装饰上，并不像市府大楼采用和玺彩画的构图形式，而是选用低等级的旋子彩画。在此值得一提的是，在图书馆室内装饰设计中，除了沿用中式传统建筑装饰符号，设计师在一些细部还借鉴了新艺术运动风格的设计语言，为原本肃穆的室内空间增添了灵动之感。（图2-66）

图2-66 上海图书馆室内环境

依托"大上海计划"所建的几幢"复古"建筑带有明显的时代特征，体现了近代中国强烈的民族觉醒意识和迫切的民族复兴愿望。虽然董大西先生在日后回忆时曾说自己并非十分钟爱传统风格的建筑形式，更加喜欢现代主义设计手法，[①] 但建筑师作为时代表率，结合自身所学为弘扬中国文化出谋划策，殚思竭虑，体现出设计师的责任与担当，这于今日也具有强烈的示范意义。

雷士德工学院（1934 年）[②]

近代以来，一些在华西人积极投资创办教育机构，他们创办这些教育机构的动机各异，但有些是纯粹为了推动近代中国教育事业发展，雷士德工学院就是典型一例，它是根据近代上海著名地产富商亨利·雷士德（Henry Lester）先生的遗嘱创办的。

工学院主体建筑采用钢筋混凝土结构，中部地上五层，地下一层，上部设有弧形塔楼，后部用房呈四、三、二层阶梯状下降，两翼逐渐降为四、三层。建筑占地面积 6276 平方米，建筑面积 8985 平方米。建筑外表饰以暖色花岗岩和面砖，正立面向西南，强调竖向的升腾之感，加上入口门廊及中部开窗又采取尖券形式，使整个建筑带有哥特复兴的意味；而建筑立面简洁明朗，强调几何线条的装饰效果，又表现出明显的装饰艺术派风格特点。（图 2-67）

图 2-67　建成之初的雷士德工学院

雷士德工学院建筑平面呈倒 Y 形，中轴朝向东北方向，从图形学来

---

① 王元舜：《口述历史：杨家闻先生的回忆》，《建筑技艺》2013 年第 2 期，第 251 页。

② 德和洋行设计，久泰记营造厂承建，现为上海海事局用房。

看，无论是正立面还是平面，均像一架起航的飞机，据说如此设计也是受到了当时国人兴起"航空救国"运动的影响。[①] 建筑内部依功能展开布局，充分考虑到了作为工程技术学院所必需的教育实验空间。大楼地下室设有热力实验室和自行车停车场，一层正对门厅的是学院大礼堂，两翼设有木工工场、金工工场、工程车间、材料实验室等；二层中部为学院博物馆，两翼设有化学实验室、物理实验室、电力设备室、办公室及演讲厅等；三层中部是图书馆，两翼设有活动室、绘图室、教室、厨房、餐厅等功能空间；四、五层主要为教工宿舍，楼上设有屋顶花园。由于学院设有诸多实验室，大楼内部所有烟囱在四层和五层集中在一起通向建筑顶部的塔楼，体现了科学设计的理念。

值得一提的是，大楼室内空间设计相当考究，除了有合理的平面布局，内部交通动线设计也清晰明确，所有的房间距离楼梯口都不到50英尺（约15米），学院内部还特意安装两部电梯供教工使用，这在近代上海的教育建筑中十分少见。（图2-68）

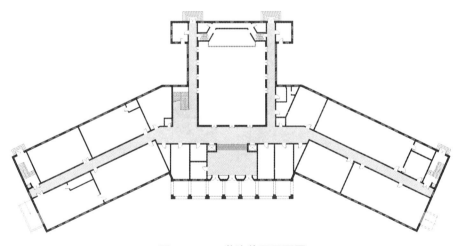

图2-68　工学院首层平面图

大楼内部装饰简洁，既注重实用性，又兼顾了作为培养、教育空间的舒适性。一楼入口门厅及走廊墙裙用浅色洞石贴面，以深色面砖做踢脚和压顶

① "航空救国"思想最早是冯如在20世纪初提出的，后来受到革命先父孙中山的大力提倡。1931—1932年，日本对我国东北、上海等地采取"无差别轰炸"，激发了国人"航空救国"运动。

处理，这种方法强化了石材的装饰性，为了避免色调单一，每块面砖的明度还会有细微差别。学校各类实验室或教室都宽敞明亮，室内铺设橡木地板，墙面刷冷色涂料，顶面为暖色，这样做是基于光线明暗关系的考虑，再一次体现了科学设计的理念。此外，学校的各种教育教学设施依据功能不同进行专项设计，并且每间教室均配有储藏空间和滑动式黑板。学院三楼的学生食堂采用圆形桌椅配置，这样做虽然不能最大化利用空间，但这种设计相对冷漠的实验室要活泼许多，有助于营造一种轻松的室内氛围，同时又可以加强学生用餐时的交流，此举也能看出设计师的用心。（图2-69）

图2-69　雷士德工学院室内环境

注：左上为学院门厅、右上为学生食堂、左下为大礼堂、右下为教室。

雷士德工学院设有建筑设计、土木工程、机械工程等专业，虽然仅存在了十余年，[①] 但为上海乃至中国培养了一大批优秀的专业人员，诸如顾

---

① 雷士德工学院于1934年10月建成开学；1941年12月被日军占领，改为"东亚工业学院"；1945年5月，日本投降前夕，学校正式关闭。

懋祥、陈占祥、鲁平、曹文锦等社会知名人士均毕业于此或曾在这里学习过。此外，雷士德工学院是德和洋行的一件经典之作。作为近代上海较早从事建筑设计业务的洋行，对比其之前的复古风格建筑作品，如法租界公董局大楼（1860 年，已拆）、先施公司（1917 年）、字林西报大楼（1924年）、日清大楼（1925 年）、台湾银行（1926 年）等，能够明显看出现代设计思想对德和洋行设计理念转变的影响，这也客观反映出 20 世纪 30 年代上海室内设计追求现代化的潮流趋势。

虹桥疗养院（1934 年）①

虹桥疗养院由爱国医师丁惠康筹建，为当时上海设施一流的传染病医院。丁惠康出生在医学世家，1927 年毕业于国立同济大学（其前身是1907 年成立的同济德文医学堂）医学专业。在他大学毕业时，结核病流行猖獗，为解民众之难，毕业第二年便在父亲支持下，开设上海肺病疗养院，几年后又筹资在沪西虹桥路 201 号（今伊犁路 2 号院内）开设上海虹桥疗养院。1934 年 6 月虹桥疗养院开业，时任上海市市长吴铁城亲临剪彩，到场宾客多达千余人，轰动一时。虹桥疗养院的建筑及室内设计堪称一流，为我国第一代建筑师奚福泉所设计。

奚福泉（1902—1983 年），上海人，1926 年获德国德累斯顿工业大学学士学位，特许工程师；1929 年获德国柏林工业大学建筑系工学博士学位；1930 年归国，加入公和洋行；1931 年加入上海启明建筑事务所；1935 年脱离启明，开设公利工程司；新中国成立后仍从事建筑事业。虹桥疗养院是奚福泉对现代主义设计的诠释，也可以说是近代中国现代主义建筑的代表作。

疗养院分为南北两座建筑，北侧为四层主楼，南侧为单层（局部二层）辅楼，两楼之间相互隔离，均为钢筋混凝土结构。主楼构图方正，平屋顶，不讲求轴线对称，南立面东侧呈阶梯状后退，加上阳台之间的隔墙，显得整个建筑空间层次丰富、形态活跃。（图 2-70）

主楼建筑设计以功能为主：一层为院长室、前厅、大厅、病房、办公室、诊疗室等；二层为病房、手术室、诊疗室等；三层以病房及看护室为主；四层设有餐厅、音乐室、图书室等配套用房，亦有露台，供病人活动及远眺。辅楼为隔离病房及附属房间。建筑师在进行内部空间设计时秉承

---

① 奚福泉设计，安记营造厂承建，已拆，原址在今伊犁路 2 号院内。

图 2-70　建成之初的虹桥疗养院主楼

科学理性的设计方法，顾及病患需求，将需要阳光的病房区设置在建筑南部，而诊疗空间则设置在建筑北侧，充分考虑了日照及视线阻挡等方面的问题。（图 2-71）

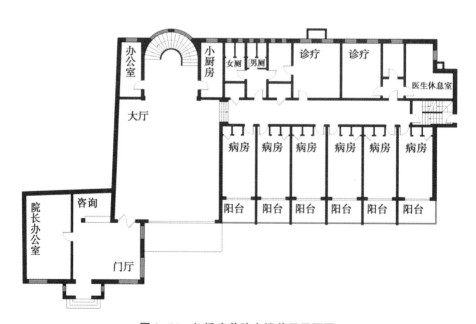

图 2-71　虹桥疗养院主楼首层平面图

　　疗养院主楼的室内设计追求简洁明了。接待厅地坪、柱子、接待处的装饰设计以直线条为主，简洁大方。一层大厅地面采用深浅相间的瓷砖铺设，黑色踢脚，墙面为淡绿色护壁，顶部采用筒拱结构，吊以球灯，仅是在梁下用凹槽框饰出轮廓。值得一提的是，大厅南部采用落地长窗，窗棂设计明显带有构成特点，似乎受到了风格派绘画作品的影响。此外，主楼内部主要的竖向交通空间位于大厅北侧，位置醒目，形式设计采用弧形旋转楼梯，柔化了方正空间给人的冷漠感。病房区走廊全部采用荷兰进口的橡皮地板，即杜绝噪音，又益于清理。整个建筑室内踢脚、墙角等细部均做弧形处理，不易藏污纳垢，也便于清理消毒；建筑内部的所有管线均暗藏墙内，于视觉上也显得整洁有度。至于病房的室内设计，基于打理消毒的特殊需求，多为特意设计的专业产品，室内装饰也是现代简洁，利于病人的身心休养。总体来看，虹桥疗养院的室内设计以功能为主，简洁有度，充分体现了现代主义建筑设计理念。（图 2-72）

图 2-72　虹桥疗养院室内环境

20 世纪初，以功能主义为圭臬的现代建筑思想已经波及上海，当时人们对现代主义建筑的态度同西式复古风格一样，只是作为一种西方美学符号加以推崇，更多的是对其形式上的模仿。而我国第一代建筑师奚福泉曾留学德国，对源起德国的现代主义建筑颇有了解，深知其精髓，他设计的虹桥疗养院充分考虑了医疗建筑的特殊需求，依照功能优先的科学理念展开建筑形态和室内环境设计，自竣工起便被人们视为近代上海最具代表性的现代主义建筑作品。

国际饭店（1934 年）①

1921 年 11 月，为了扩大资本势力并相互扶持，盐业、金城、中南银行共同组织"联合经营事物所"，在天津、北京、上海设立经营机构。1922 年 7 月大陆银行加入联营，形成中国历史上第一家，也是唯一一家银行联营集团，称"北四行联营集团"。"北四行"成立后的一项重要业务措施就是在上海设立四行储蓄会，办理金融投资业务。

20 世纪 30 年代的上海，民间游资充斥，地价猛涨，房地产投机成为热潮，四行储蓄会主任吴鼎昌认为："储蓄会对外信用，必须在通商巨埠有相当房地产业令储户比较安心，发展较易。"② 在这种背景下，四行储蓄会决定投资上海地产业，兴建"四行储蓄会大厦"，继续聘请建筑师邬达克负责设计（在此之前，邬达克与四行储蓄会曾有过合作，1926 年建的四行储蓄会老楼便出自他手）。四行储蓄会建造大厦原本只是准备部分自用和对外出租，但受到 20 世纪初经济危机影响，竟无人承租，后来听取建筑师的建议将大厦改为高档饭店。由此，"四行大厦"更名为"国际饭店"，这是国际饭店产生的历史背景。

国际饭店地上 22 层，地下 2 层，高 83.8 米，占地面积 1179 平方米，建筑面积 15650 平方米。建筑基础采用地下桩基系统，主体采用钢框架外包混凝土结构，现浇钢筋混凝土楼板。大厦内部隔墙用气孔砖砌筑，表面覆以砂浆层和甘蔗板，外层罩以石膏面层，既平滑美观，又稳固隔音。邬达克在大厦外观设计上借鉴了 20 世纪 20 年代美国摩天楼的风格样式，强调竖向线条，前部 14 层以上采取层层收进的形式，仿佛大楼还要不断增高，更加凸显了高耸挺拔之感。建筑底部三层外立面用黑色花岗岩饰面，以上诸层均用深褐色泰山砖贴面，底部正面二、三层及十四层有落地玻璃幕墙，这种开敞空间的设计手法于外观显得圆润，于内部又视野开阔、光线明亮，在当时来讲实属新颖别致。在 30 年代的上海，国际饭店可谓鹤

---

① 邬达克设计，馥记营造厂承建，位于今南京西路 170 号，现为锦江集团旗下经典酒店。

② 田兴荣：《北四行联营研究（1921—1952）》，复旦大学出版社 2008 年版，第 101 页。

立鸡群、气派不凡。（图 2-73）

图 2-73 建成之初的国际饭店及建筑立面图

大厦地下室为锅炉房和库房；底层是储蓄会营业大厅和饭店大堂，层高约 7.5 米，设有夹层，夹层为办公空间；二层是中餐厅"丰泽楼"（早期定名为"孔雀厅"），层高约 5.3 米，可同时容纳 350 人就餐；三层为西餐厅及后厨用房，层高约 3.5 米。4—13 层为普通客房，层高亦为 3.5 米；14 层为"摩天厅"，层高约 3.7 米，设有屋顶花园，可在用餐之时俯瞰上海市景；15—19 层为公寓式套房，层高约 3.2 米，专供高等宾客租住；20—22 层为机房等设备用房。此外，顶层还设有工部局的消防瞭望塔。整个大楼除步梯外，有大小电梯七部，其中三部为客梯，两部汽车专用（饭店二层设有室内停车场），两部员工专用。（图 2-74）

一层储蓄会营业大厅室内设计不同于当时其他银行的西式古典风格设计，大厅柱子表面贴饰黑色玻璃，墙面呈非平面造型，装饰线条沿墙面结构平行铺开，吊顶使用嵌入式柔光灯，整个空间现代感十足。二层中餐厅

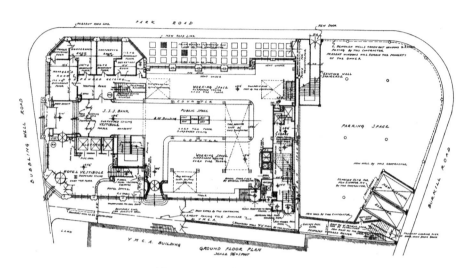

图 2-74　国际饭店首层平面图

大面积采用木质护壁，以棕色为主调，间饰绿色、金色，显得整个空间端庄华丽；餐厅南侧是面对跑马场的整片落地玻璃窗，视野极为开阔。此外，中餐厅还设有秀台，可供乐队演奏，配以圆形小舞池，是举办餐饮宴会的极佳场所。三层西餐厅南侧同是落地窗围合成的开敞空间，室内光线明亮，以灰绿色、黄铜色和淡紫色为空间基调，墙面贴饰黑色大理石，配以精致的金属线条，是饭店最具吸引力的休闲去处。十四层的"摩天厅"是饭店最具特色的餐饮空间：兼有扒房和咖啡廊，厅内不仅有小型跳舞池和乐队演奏，屋顶还可以开启仰望星空，红色的油漆柱子细部带有描金装饰，色彩明艳的红色座椅配以金色的天花板和小型舞池，无疑是上海最浪漫的餐厅。[①]（图 2-75）

　　饭店有不同类型的客房可供选择。客房的室内陈设、地毯装饰以及墙面色彩等形式各异，且全部设施均为定制产品，体现了精良配备和舒适体验。此外，客房装修用料十分考究，细木装饰均用柳桉或柚木，五金、洁具也均属最新式的进口产品，值得一提的是，饭店内有三间豪华套房可以电梯直达，最大程度地考虑了客人的方便之需，符合现代星级酒店高级套房电梯直入的设计理念。（图 2-76）

　　就国际饭店整体设计风格来看，注重线条的装饰效果和几何构图，明

---

　　① 参照 1934 年 12 月 1 日的 "The North-China Daily News" 中关于国际饭店的介绍翻译。

图 2-75　储蓄会营业大厅和摩天厅

图 2-76　国际饭店客房室内环境

显可以看出装饰艺术派风格的影响；而饭店室内设计在追求奢华的同时，设计师也期望在中式风格和现代风格之间取得平衡，主要体现在装饰色彩多以中国红、黑色与金色为主。此外，国际饭店室内装饰使用了许多诸如黄铜、硬铝、镀铬等现代材料，显示出材料语言对室内设计风格的影响；而材料品质也是力求上乘，例如饭店所有漆饰悉用美国宣伟油漆（Sherwin Williams），所有灯具由荷兰飞利浦（Philips）和德国欧司朗（Osram）提供，所有餐具和银器均采用奥地利百德福（Berndorf）品牌，等等。

　　除了有豪华舒适的装饰设计，国际饭店也具有完善的消防系统。饭店每层都设有专用消防龙头和自动报警、自动灭火装置，整个大楼共有2000多个消防喷嘴，当环境温度达到49℃时，吊顶上方喷嘴孔便会被熔化开启，自动喷水。就这点来讲，国际饭店可谓近代上海最安全的公共建筑。此外，建筑内部还配有完善的电报电话系统、水暖空调系统、垂直交通系统、电路照明系统、餐厨服务系统等，这些措施一方面体现了饭店的现代化程度，也显示出系统设计在大型建筑室内设计中的重要作用，可以说国际饭店是近代上海公共建筑室内设计的典范。

在竞争激烈的近代上海，外商曾自我吹嘘，质疑中国人没有能力承建如此规模的工程。但当它以优良品质按时交工时，是一次振奋人心的展示。既说明了民族营造业的蓬勃发展和工匠们的高超技艺，也展现出近代上海追求现代化进程的雄心壮志。国际饭店的落成，不仅为其争得保持了近 30 年之久"远东第一高楼"的美誉，也立即成为上海市民的心理坐标——"常常国际饭店进进出出的"成为上海家喻户晓的一种生活层次的标志。

吴同文住宅（1937 年）[①]

20 世纪 30 年代中期，中日战争一触即发，机敏的吴同文靠着经营军绿色颜料使家族生意更上一层，所以他就以绿色作为自己的幸运色，穿绿色衣服，开绿色汽车，人称"绿色老板"。在时尚之都上海，作为新一代商人，已获成功的吴同文希望用一座新式建筑来彰显自己的个性和地位，他找到当时已是明星建筑师的邬达克，希望他能为自己量身设计家宅。

身为老上海已经颇具名气的建筑师，邬达克认为设计师的职责是服务业主和社会，虽然有自己的艺术追求，但并不会因此而极力推销个人偏爱的设计理念。他职业生涯的目标始终如一：尽可能地满足客户的需求，这种观念很好地维系了他与业主的关系。一战后奥匈帝国解体，使得邬达克的国籍身份一度模糊。在当时的殖民地上海，一旦与业主发生矛盾，他并不受治外法权的保护，这也成为华人客户喜欢委托邬达克设计的缘由之一。

1935 年，事业上顺风顺水的吴同文找到了当时声名显赫的邬达克，表明了自己的来意和要求之后，邬达克果真没有令业主失望，设计出了"过百年也不过时"的"远东第一豪宅"。

吴同文住宅地上最高四层，局部地下一层，占地面积约为 518 平方米，建筑面积 1689 平方米，钢筋混凝土结构，四孔砖填充墙，楼板下设置软木层，有良好的保温效果。建筑主立面朝南，面对花园，北立面紧邻北京西路，因此花园的面积得到了最大的利用。住宅四周设有围墙，轿车

---

① 邬达克设计，位于今铜仁路 333 号，现为上海规划设计研究院会议中心。

可从铜仁路、北京西路两个大门出入，这样节约了回车面积。吴同文住宅建筑设计简洁并富有动感：东南部转角处房屋为圆形桶状，每层均用大片玻璃钢窗，室内通透明亮；中部二、三、四层设计成退台和内廊，其造型好似豪华游轮的甲板。整体来看，建筑空间虚实得当，强烈的水平线条和流线造型使建筑形态极具现代感。此外，建筑外立面全部采用军绿色泰山砖作贴面，反应出业主对"绿色"的特殊偏爱（因此人们也称其为"绿房子"），而窗口外框采用米黄色泰山砖贴面以勾画轮廓线条，又带有当时流行的装饰艺术派风格特点。（图2-77）

图2-77　吴同文住宅（现状）

建筑一层设计为过街楼形式，可通小汽车，南部是弹子房和酒吧间，北部是门厅、接待厅、家堂及藏经阁等；二层主要是餐厅、备餐间、起居室、书房等房间；三、四层主要是主人和少主的卧室，多是套间，带有独立卫生间和衣帽室，且套房之间采用相连设计，使得人员动线自由流畅。此外，住宅中还包括了中西餐厨房间、备餐间、洗衣房、用人房、账房、保险库、储藏室、花鸟房、阳光房等功能性房间，设计师依据现代生活方式结合中国传统大家族的生活需求进行空间布局，可谓功能繁杂。（图2-78）

吴同文住宅的室内设计颇为讲究。宅内的奥的斯电梯是上海第一座私宅电梯，轿厢为全木料装修，呈荷叶形，这种非标造型的轿厢设计，即便放在现代也是非常罕见。吴同文平日注重社交也爱跳舞，他要求邬达克仿照百乐门舞池设计，将底层80平方米的接待厅设计为弹簧地板，以备在

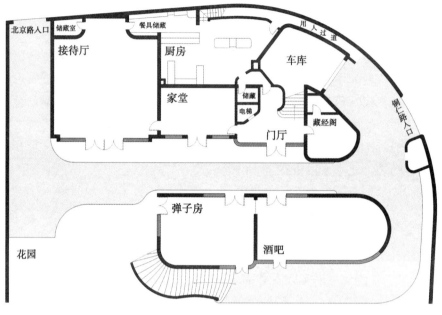

图 2-78　吴宅平面图

以舞会友时增加激情。住宅的大部分装饰材料多是从海外进口，如一层骑楼、底层门厅、环状扶梯等墙面装饰都采用了意大利进口的天然黄洞石，住宅的钢制门窗和室内踢脚砖也是从德国进口，且每层踢脚砖的色彩不一，形式丰富；底层南侧裙房、北侧家堂及其他楼层公共部分均使用亚麻地毡，这种地毡属石油产品，色彩丰富、经久耐磨，在当时是极为先进的，至今仍被广泛应用。此外，吴宅建筑内部还装配了当时最先进的热水循环地暖系统和制冷系统。

值得一提的是，设计师在许多室内装饰节点上使用了带有个人风格特征的装饰图案（又称"邬达克符号"），如电梯厢顶、地板拼花、地沟盖板等细部装饰均有所体现，其中最为完整的是环状扶梯一、二层中间的两扇磨砂玻璃窗，铜质窗花格外醒目，图案明显带有构成感，可以看出设计师受到现代艺术的影响。我们或许可以这样猜测这些构图的寓意：发芽状装饰图案隐喻了设计师对房主的祝福——作为婚房，邬达克希望业主在此宅中开枝散叶、生生不息，这似乎又与中国传统文化中以物表意、传达吉祥产生勾连，显示出设计师的匠心。整体来看，吴同文住宅室内设计现代简洁，曲线多变的空间形态设计充斥着各个角落，这使得极具现代感的室

内环境又散发着浪漫气息。(如图 2-79)

图 2-79　吴同文住宅的室内细部装饰设计 (现状)

　　吴同文住宅建筑设计从功能出发,灵活的平面和自由立面,这些手法明显带有现代主义特点,这与建筑师的阅历不无关系。据记载,20 世纪二三十年代,随着邬达克在上海逐渐站稳脚跟,他几乎每年都会到欧洲度假考察,也曾数次到访德国,他的事务所可以收到当时来自美国、德国、意大利、匈牙利最新的各种建筑杂志。虽然没有确切的资料显示邬达克曾与现代主义建筑大师有所交往,但就他所掌握的信息资源来看,邬达克必然会对当时风行欧洲的现代主义有相当的了解和认识。他曾在寄给父亲的信中说道:"有才华的设计师无需了解艺术史,他们应该创造历史"①,作为一名有艺术追求的建筑师,吴同文住宅也体现了邬达克的设计理念从古典主义向现代主义的彻底转变。

　　吴氏家族是旧上海的名门,奉行传统家族制度——中国传统家族制度

---

　　①　[意]彭切里尼、[匈]切伊迪:《邬达克》,华霞虹、乔争月译,同济大学出版社 2013年版,第 43 页。

讲求宗法，核心是崇尚尊崇祖先、尊卑有别，这种文化体现在传统民居建筑中，表现为住宅的中心房屋一般只用来供奉祖先牌位，对外人则采取尽量回避的态度。吴宅底层中心位置的中式家堂设计，以及对用人活动空间的回避，充分体现了中国传统生活文化对建筑设计的影响，也是传统生活方式与现代建筑语言在更深层次交融后的结果。（图 2-80）

图 2-80 吴同文住宅的家堂设计

毋庸讳言，吴同文住宅是设计师和业主共同努力的成果，它的室内设计反映出 20 世纪二三十年代上海精英阶层的文化追求：一方面他们渴望"摩登"文化，但同时也并不完全放弃传统生活理念，"文化融合"生成了那个时代上海特有的"海派"建筑文化，这是一种中西合璧后的审美观念。邬达克以敏锐的职业素养抓住了这一点，通过建筑及室内设计，既满足了业主的生活需求，又迎合了文化发展潮流，吴同文住宅无疑是一个反映时代面貌的经典作品。

第三章

近代上海建筑内部空间特征

第一节　中式传统建筑空间

　　中国传统建筑历来是以木材为主要建筑材料，采取梁柱式木构架，墙体基本不参与承重，起到的只是"隔断"作用。换句话说，中国传统建筑的内部空间是由梁柱结构所决定的，结构空间即建筑内部空间。考察传统建筑平面可以发现，中式传统建筑的内部空间安排并不是以功能需求为先决条件来展开的，而是先依据梁架结构进行内部空间组合，然后再冠以功能用途。梁架结构所形成的最简单空间形式就是由四根立柱围合成的"间"（或称开间、内四界），一般为矩形，这是传统建筑空间组合的基本单元。① 通常一座中式传统建筑是由若干"间"组合而成，由"间"为单位所组成的单座建筑再围合成功能完整的"院"，进而由"院"再拼合成更为复杂的建筑群，这是中国传统建筑空间组合的规律，也是近代上海中式传统建筑空间组织的基本方法。（图 3-1）

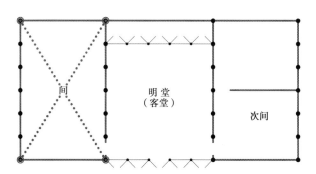

图 3-1　近代上海中式传统室内空间示意图（三间七檩房）

---

① 这里所说"间"主要是指"正式建筑"的平面形式，不包含"杂式建筑"。

　　上海民间一般以檩数来计算"间"的进深，五檩房、七檩房最为常见，大型民宅的厅堂也有九檩房的做法。而水平方向的面宽以三开间、五开间的对称排列最多。上海传统建筑中，中部明间一般较两边次间宽些，正门多设在明间，明间常为厅堂，其余为卧室或他用。在一些进深大的住宅中，厅堂会设有太师壁或屏门阻隔，次间则会被分割成两个房间，功能因需而定。此外，在上海传统民居中，"院"的占地面积相对较小，其主要功能是采光通风，所以"院"也被称为"天井"。所谓井以水为贵，坡屋顶上的雨水从四面流入天井，象征着财富内流，反映出上海传统宅院追求"四水归堂"的世俗心理。天井的大小以在厅堂内侧能够看到天空为最好，这体现了传统文化讲求"明堂"的习俗，同时也规避了明堂不见天所导致的"凶相"。

　　上海传统建筑的代表多为明清时期遗存下来的民居建筑，如元末明初李伯屿所建的"咸宜堂"，嘉靖年间潘恩的家宅"世春堂"，万历年间徐

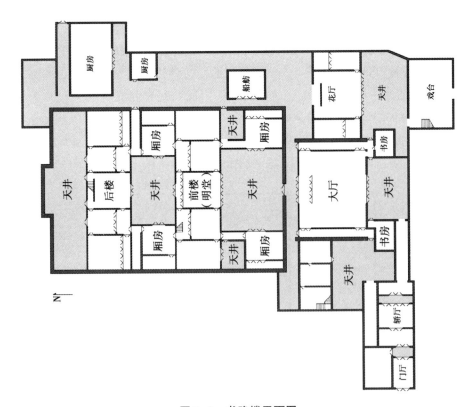

图3-2　书隐楼平面图

光启的"九间楼"和吕孝克的"解元厅",弘治末年的"南春华堂",明末的"兰瑞堂""葆素堂"等。清代民居遗存较多,最负盛名的莫过始建于乾隆二十八年(1763)的"书隐楼",该楼占地面积2272平方米,建筑面积约2107平方米,共五进70多间房,俗称"九十九间楼",前三进有轿厅、大厅、花厅和戏台,后二进为两层走马楼,五间七檩房,分别为藏书楼(前楼)和居住楼(后楼)。(图3-2)

时至近代,由于开埠初期西方人修建的建筑相对简陋,就形式和舒适度来讲,根本无法与雕梁画栋的传统建筑相媲美。况且当时民间对入侵者

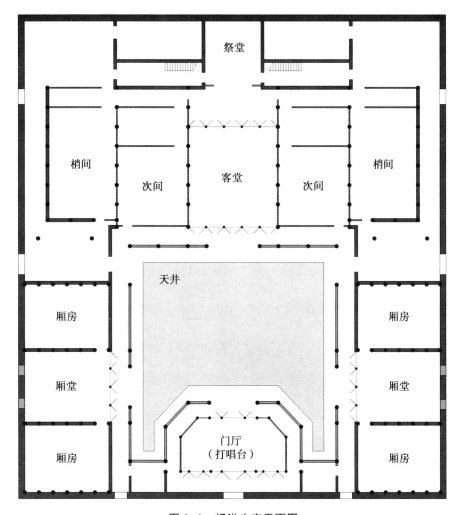

图3-3　杨洪生宅平面图

的抵制情绪高昂，虽感好奇，但大多不会主动接受西式建筑。所以相当一段时期内，上海华人社会的民居、商铺等还是以中式传统建筑为主，即便是到了20世纪，西方建筑文化在上海已经扩散开来，但还是有相当数量的传统建筑在营造，例如建于20世纪20年代的杨洪生宅便是一例。杨洪生宅坐北朝南，主体为砖木结构，局部采用混凝土加固，宅内由门厅、客堂、厢房等围合成天井，是典型的一正两厢带檐廊的传统合院式空间布局。此外，宅主还刻意将门厅做成戏台（又称"打唱台"）的形式，亦"厅"宜"演"，与客堂遥相呼应，与两旁厢堂共同组成传统礼乐空间，体现出礼制文化和地域民俗对上海传统民居的影响。（图3-3）

　　随着"西风东渐"浪潮涌进，上海的传统建筑也并非一成不变，而是朝着两种类型发展：一种是伴随时代演进，其内部空间形态由延续传统发展成中西融合，最终形成极具地域特色的建筑类型，主要代表就是里弄住宅建筑（详见本章第四节）；另一种是受西方建筑文化影响，建筑外观虽显西式风格，但内部空间依旧延续传统，这类建筑主要分布在租界以外地区，以民居或祠堂为主。例如建于1931年的仰贤堂①建筑外观已经明显偏向西式，但其内部空间却依旧沿用传统的一厅两厢合院式组织手法，不失为传统空间与西式风格相融合的代表，而其周围配房依势就利的空间布局和临街设置门面房，则体现出江南民居依水而建的空间特征和商业社会"重利"思想对建筑发展的影响。（图3-4）

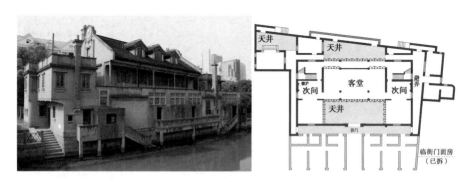

图3-4　仰贤堂建筑外观及底层平面图

---

① （营造商）蔡少祺设计营建，位于今浦东高桥东街81号。

此外，在近代上海租界内的一些公共建筑内部空间设计也会采用中式传统建筑的空间组织方式，如建于民国初年的孟渊旅馆，是中国人向英国领事馆租地建造的，其内部空间组织就是在满足功能的前提下借鉴了传统的合院式空间布局手法。（图3-5）

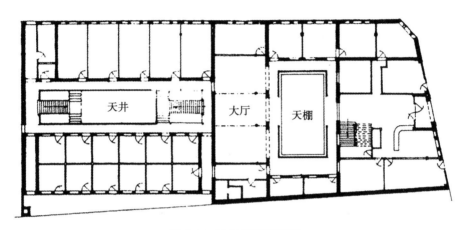

图3-5　孟渊旅馆平面图

第二节　西式复古建筑空间

上海开埠后，最早一批抵达的西人大多是来自东南亚一带的西方殖民地，他们把以往流行于东南亚热带气候条件下的建筑形式搬到了这里，学界称为殖民地式建筑（Compradoric Style），这种建筑形式是上海最早的西式建筑。

殖民地式建筑在近代上海的演变大体经历了三个阶段：开埠初期至19世纪60年代初，19世纪60年代初至70年代末，19世纪80年代至20世纪初。[①] 其特点是：多为二、三层建筑，西式坡屋顶，设有外廊，周围是宽敞的花园空地；简单的方形平面布局，底层用以办公，二层及以上为居住生活空间；建筑后侧或有货仓，平面也以方形为主，有的为两层，为储运方便，外部会设有楼梯直通二层平台。上海开埠早期，西人的建筑几乎都采用这种形式，并且这些建筑大多数不是专业建筑师设计，而是由侨

---

① 参见郑时龄《上海近代建筑风格》，上海教育出版社1999年版，第80页。

商自己依照需求、凭记忆绘制大体图样，再由中国工匠就地取材按传统建筑技术修建。前文提到的招商局大楼是现存为数不多的殖民地式建筑的代表。

19 世纪末 20 世纪初，随着社会经济发展和殖民化程度不断加深，租界里的商业、住宅等建筑都已经不像开埠初期那样"简单"，建筑的空间形态和功能内容也随着生活需求的不断提高而趋于复杂化。这时，大批西方职业建筑师来沪淘金，留洋学子也学成归来，他们把"正统"的西方建筑文化带到了这里，西方古典主义建筑盛极一时，甚至可以说在 20 世纪前 30 年的上海，西式复古建筑是上海建筑文化发展的主流方向。

李允鉌先生曾指出：（西方古典建筑和现代建筑扩大规模的方式）是"量"的扩大，是将更多、更复杂的内容组织在一座建筑里面，由小屋变大屋，由单层变多层，以单座房屋为基础，在平面上以至高空中作最大限度地伸展，因此产生了一系列又高又大的建筑物，取得了巨大而变化丰富的建筑"体量"。[1] 李先生的这番话一语中的，道出了西式古典建筑空间的组织手法。当我们把近代上海一些同类型的西式古典建筑按时间顺序放在一起比较便可发现，随着时代演进而趋于复杂化的西式复古建筑，其空间体量在单座建筑内由"小"变"大"、平面形态由"简"至"繁"的扩充趋势十分明显，充分体现了西方古典建筑空间伸展的组织特点。（图3-6）

从图 3-6 所示的建筑平面来看，整体近似方形、封闭独立的建筑平面、对称均衡的严谨布局、围绕中厅展开室内空间组织、空间形态主次分明是近代上海西方建筑师（也包括接受西方建筑教育成长起来的中国建筑师）在处理西式复古建筑空间设计时所追求的。在这些案例中，建筑师在设计内部空间时，即便是功能越来越复杂，平面越来越烦琐，但每个单体空间都力求方正或构图完整的意图也十分明显，这对轻松获得良好的室内装饰效果和明晰的空间体验都很有帮助。

这种古典建筑空间的设计理念还体现在一些地形条件不太好的建筑上。由于上海的地价因素，有时业主获得的基址并不规整，这种情况下，建筑师会依据地形进行设计，最大化地利用土地，建筑总平面虽不能方

---

① 李允鉌：《华夏意匠：中国古典建筑设计原理分析》，天津大学出版社 2005 年版，第130 页。

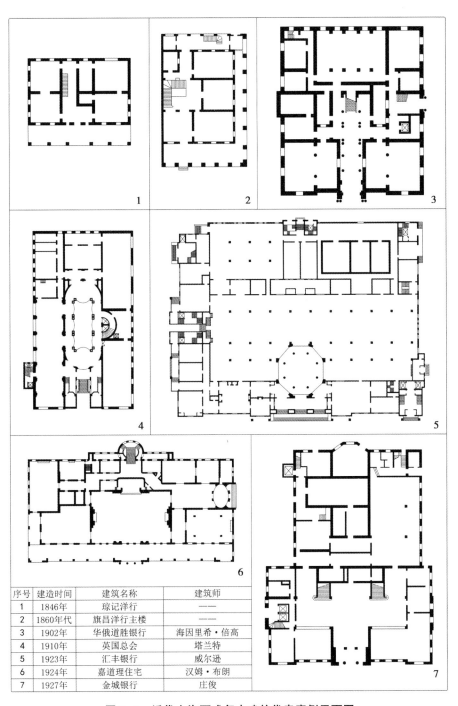

序号	建造时间	建筑名称	建筑师
1	1846年	琼记洋行	——
2	1860年代	旗昌洋行主楼	——
3	1902年	华俄道胜银行	海因里希·倍高
4	1910年	英国总会	塔兰特
5	1923年	汇丰银行	威尔逊
6	1924年	嘉道理住宅	汉姆·布朗
7	1927年	金城银行	庄俊

图3-6　近代上海西式复古建筑代表案例平面图

正，但内部空间主次分明，且主要空间严谨方正是建筑师巧思的目标。例如位于复兴西路上的一幢近代住宅，其基址大体呈三角形，这种条件下很难以古典手法处理建筑内部空间；然而从该住宅建筑平面来看，建筑师采用了靠中厅连接的空间组织手法，空间主次分划明晰，且力求中厅构图完整和对称均衡以便进行室内装饰设计，明显使人感到古典设计思想对此宅建筑内部空间设计的影响。（图3-7）

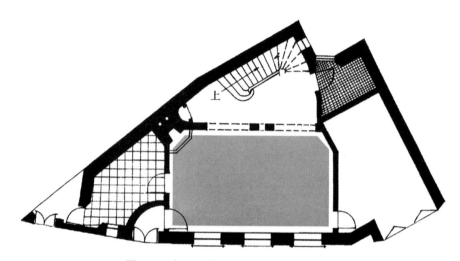

图 3-7　复兴西路 246 号住宅首层平面图

　　在一些颇有影响的西式古典建筑中，特别是公共部分，追求竖向上高敞挺拔，也是近代上海西式复古建筑室内空间设计的一大特点。西方建筑追求高敞的空间感受可以追溯到古罗马时代，由于当时社会生活需要，人们将各种活动集结在一个公共场所，出于对室内采光通风的考虑，引发公共建筑中大量出现高敞的室内环境设计，并伴随着宗教建筑发展，高敞空间带给人的雄伟气质更为欧洲人所熟知。这与中国传统建筑追求"大壮风格"截然不同——前者是基于内部空间带给人的视觉体验，而后者是鉴于外部形象树立的庄严气势，这也客观反映出西方古典建筑文化较中国传统建筑文化更加重视室内环境设计带给人的空间感受。（图3-8）

　　值得一提的是，近代上海一些现代风格建筑中，设计师也会采用西方古典建筑空间语言来塑造室内空间的庄重气质，如沙逊大厦（1929年）八楼的主宴会厅（和平厅）就是借鉴了经典的巴西利卡式空间形态，配

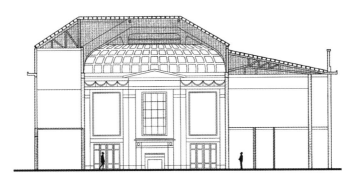

图 3-8　嘉道理住宅高敞的跳舞厅剖面图

合装饰艺术派室内设计风格以凸显餐厅的华贵气质。再如，由奚福泉设计
的浦东同乡会大礼堂（1934 年，已拆），其室内装饰设计虽然采用简洁的
现代风格，但柱廊式的空间形态使得整个大礼堂庄重、深邃，取得了与西
式古典建筑异曲同工的效果，这种现代风格融合古典空间的做法也反映出
近代上海室内设计发展的多样性特点。（图 3-9）

图 3-9　现代风格建筑中的古典空间（浦东同乡会大礼堂）

　　综上，对比中式传统建筑我们发现：近代上海的中式传统建筑内部空
间是围绕天井而成，天井在建筑空间组织与体量扩充上占有重要地位，其
内部空间具有"内向性"特征，这决定着中式传统建筑内部空间装饰的
重点在于围合天井的空间界面的美化上；而西式复古建筑的内部空间则是
围绕建筑内部公共部分（中厅）四向展开，从而构成独立于外部环境的

完整形态，其内部空间具有"外向性"特点，这决定着西式复古建筑内部空间装饰设计的重点在于围合室内空间的界面上。换句话说，由于空间组织理念的不同，西式复古建筑较中式传统建筑更加注重室内界面（室内墙面）的装饰设计，这对理解近代上海中、西传统建筑室内装饰设计的特征有重要意义，也有助于我们理解近代上海室内设计相对以往中、西传统室内设计表现出创新性的特征所在。此外，近代上海西式复古建筑对室内楼梯非常重视，往往处在室内空间的重要部位，其至楼梯的形态设计会成为室内设计的重点，这点也在根本上区别于中式传统建筑喜欢把楼梯放在室内边角或隐藏的习惯。（图 3-10）

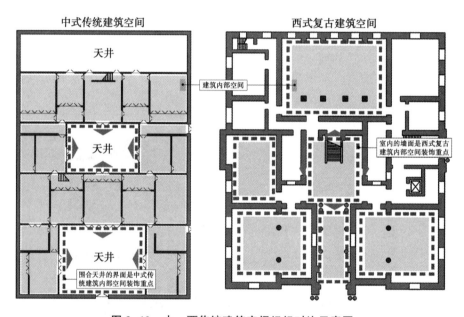

图 3-10　中、西传统建筑空间组织对比示意图

第三节　功能为主的建筑内部空间

19 世纪中叶以来，随着西方工业生产和资产阶级新思想的发展，欧洲建筑界开始探求新建筑运动，这场运动首先表现为建筑文化发展力求摆脱古典主义的清规戒律，其次，功能、材料、技术与文化追求之间该如何衔接成为先锋建筑师探讨的主要内容。到了 20 世纪初，针对种种社会问

题，西方意识领域涌现出大量新观点、新思潮，主张革新的呼声此起彼伏，尤其是一战以后，社会矛盾更加激化，反映在建筑文化发展上，彻底脱离保守思想成为大势所趋，主张功能为本、贴合时代的现代建筑运动成为西方建筑发展的主流。与此同时，随着殖民化程度不断加深，上海与西方的联系日趋紧密，在城市发展、思想文化领域与西方的差距也越来越小。20世纪20年代后，随着上海经济发展，城市里催生了大批新兴建筑，类型越来越多，功能也越来越复杂。同时，趋于稳定的城市格局和繁荣的房地产业使得上海土地价格居高不下，以往流行的复古建筑与社会经济发展之间的矛盾日益突出，越发不能适应当时的现实问题。这种背景下，经济、实用成为上海建筑设计的首要原则，而快速发展的消费文化使西方正在蓬勃发展的现代建筑思想被积极引入。这就意味着在理性思想主导下，依据功能需求设计建筑内部空间成为业主和建筑师共同关注的重点，这对推动近代上海室内设计发展起到了积极作用，主要表现为以下几个方面：

1. "以内为主"的设计理念得以强化

以往上海的复古建筑追求的是形体比例，在符合建筑结构基础上强调建筑内部空间形态的视觉均衡，多采用近似方形的平面形式，是"由外定内"的设计思路。而20世纪20年代后上海兴建的大量以功能性为圭臬的新建筑，并不拘泥于某种固定的空间范式，而是依据环境条件和使用需求采用"以内为主"的设计方法，有时甚至会为了追求新颖，在功能合理前提下，刻意创造出突破"常规"的平面形式。如诺曼底公寓（1926年）、大光明大戏院（1932年）、同孚大楼（1936年）等，就是在"不利"的基址环境中，充分利用土地进行的建筑内部空间设计；而诸如浦东同乡会大楼（1934年）、百老汇大厦（1934年）、峻岭寄庐（1935年）、毕卡第公寓（1936年）等则是有意追求体现"现代感"的空间构图。（图3-11）

按照现代室内设计的定义，空间属性大体可以分为三类：开敞与封闭、动态与静态、公共与私密。[①] 这些"以内为主"的空间类型在30年代上海的室内空间设计中均有所体现。例如1934年落成的国际饭店，在其二、三层及十四层餐厅设计中采用大片落地窗，视野极为开阔，是典型

————————

① 参见崔冬晖主编《室内设计概论》，北京大学出版社2007年版，第92—95页。

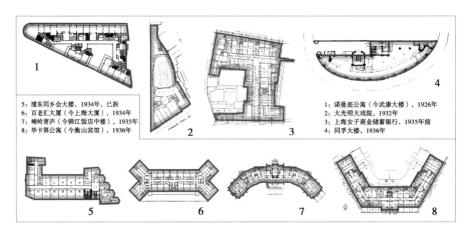

5: 浦东同乡会大楼，1934年，已拆
6: 百老汇大厦（今上海大厦），1934年
7: 峻岭寄庐（今锦江饭店中楼），1935年
8: 毕卡第公寓（今衡山宾馆），1936年

1: 诺曼底公寓（今武康大楼），1926年
2: 大光明大戏院，1932年
3: 上海女子商业储蓄银行，1935年前
4: 同孚大楼，1936年

图 3-11　20 世纪 20 年代后趋于多样化的建筑平面形态

的开敞空间，这在当时属于非常新颖的空间设计，是国际饭店的重要特色，类似的空间设计手法还被用于这一时期住宅建筑设计中，成为现代生活的代表。又如，1936 年开业的大新公司为扩大影响招揽生意，在其商场内部首次采用轮带式电力自动扶梯，营造出近代上海首个室内动态空间，正是这种动态的空间体验成为大新公司的一个亮点，对时人来讲，到大新公司乘自动扶梯甚至成了时髦的行为。①

由此我们能够看出，理性思想下以功能为主的建筑设计理念较中、西传统建筑更加重视内部空间设计，表现出更为多样的空间形态。而"以内为主"的设计理念也预示室内设计在建筑设计中越来受到人们的重视，这也是室内设计走向专业化的前提因素。

2. 理性思想强化了空间设计的专业性

随着近代上海高层建筑的兴起，单座建筑得以集合更为复杂的使用功能，结合竖向功能划分进行建筑内部空间设计，显示出功能分区意识在建筑及室内设计领域的重要意义，如沙逊大厦（1929 年）的内部空间设计就是一例。沙逊大厦的二至四层为办公区，这三层的室内空间并没有采用对称式的布局，而是靠建筑外侧的办公空间面积大于环内廊的空间面积，因为外侧空间的光线、视野相对更为舒适，更符合办公需求，这一方面体

_____

① 《上海百年名楼·名宅》编纂委员会编：《上海百年名楼·名宅》，光明日报出版社 2006 年版，第 19 页。

现着利益最大化的设计原则，同时也显示出强化功能分区在建筑内部空间设计中的重要影响作用。

　　上海 20 世纪后所兴建的大量建筑案例表明，建筑师会以功能优先进行建筑内部空间设计，而在单个房间中，设计师也会依据不同的功能需求，用墙体、隔断或家具陈设等进一步明确室内空间的区域性分划。这显示出功能分区对室内设计的重要影响作用，而这种带有"技术性"的专业素质也是室内设计专业化发展的必然路径。（图 3-12）

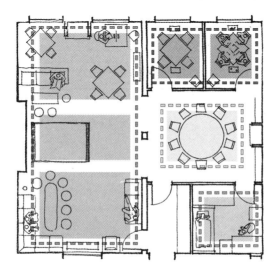

图 3-12　近代上海室内设计中的功能分区意识（某俱乐部平面图）

注：此图为近代上海设计师绘制的俱乐部室内布置图。从此图我们能看出功能分区意识在近代上海室内设计中的重要作用。这种意识不仅体现出设计师的专业素质，也反映了室内设计专业的权威性。图片来源：《中国建筑》1936 年 26 期，第 53 页。

3. 空间组织手法更加多样

　　通常情况下，西方古典建筑室内空间多是围绕中厅四向展开，而中国传统建筑的室内空间则是依梁架结构沿纵深方向延伸，这两种"传统"空间组织手法都是在工业文明以前就已经形成。而在工业时代，建筑功能日趋复杂，空间组织手法也更加多样，甚至建筑内部空间如何适应现代生活的需求成为现代建筑设计的一项重要任务。从 20 世纪 30 年代上海兴建的以功能为主的现代风格建筑来看，建筑师常用的室内空间组织手法大体有以下几种：

　　① 利用交通空间连接不同的功能空间，包括平面交通（走廊）和竖

向交通（楼梯或电梯），多见于医院、学校、公寓楼等；

② 主体大空间连接各个附属空间，常见于舞厅、剧院等；

③ 靠人员动线串联不同的功能空间，多被用于办公室或住宅设计中；

④ 围绕柱网组织建筑内部空间，多见于商业建筑中；

⑤ 综合使用不同的组织手法。

值得一提的是，在近代上海居住建筑室内设计中，相邻两个卧室共用同一个卫生间的情况十分常见，由此也能看出近代上海建筑师通过空间组织整合功能需求的意匠和空间设计的理性思维。（图 3-13）

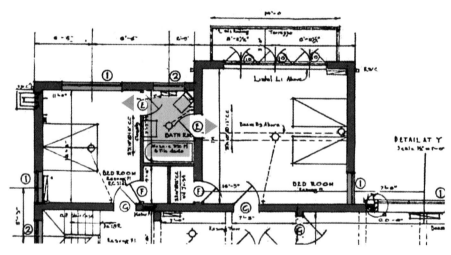

图 3-13　利用空间组织解决功能需求（协发公寓）

4. 科学理性成为空间设计的基础

在理性主义支配下的现代建筑主张用科学方法改良建筑空间，使其更加符合功能需求，这对一些功能特殊的室内设计具有决定意义。20 世纪 30 年代，电影成为上海人津津乐道的事物，影院建筑也随之兴起，电影院作为功能特殊的公共建筑，它的空间形态最能体现科学设计的意图，例如在上海普庆影戏院（1934 年）建筑设计中，建筑师对内部空间做了科学的光线分析，依照放映机规格、银幕尺寸、视觉角度来设计院池大小、地板坡度和楼座形式，使得室内空间更加符合观演需求。再如，奚福泉在进行虹桥疗养院（1934 年）设计时格外重视科学的设计方法，他首先考虑了日照和视线阻挡问题，在此基础上展开建筑空间设计；而其室内公共走廊全部采用橡皮地板以杜绝噪音，为病患营造宁静舒适的环境，室内踢脚、墙角等细部也考虑到了医院建筑的卫生需求，做弧形处理，这样不易藏污纳垢且便于清理，这些做法充分体现了科学理性对室内设计的影响。(图3-14)

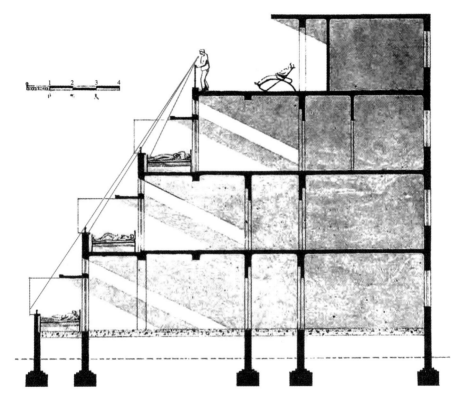

图 3-14　虹桥疗养院室内光线分析图

5. 人性化主张

室内门窗不仅起到便利交通、采光通风的功能，其构造形式也与房间的舒适性息息相关，是建筑内部空间形态设计的重要组成部分。近代上海建筑师杨大金曾专门撰文论述房屋各部件构造的方法，着重对门、窗、楼梯的结构样式、尺寸材料等进行研究。他提出门的开合方向要视不同功能、不同地点予以特别设计，但总的原则还是要考虑实用方便，窗的设置则要依据建筑形式和气候特点而定，要重视人对通风、光线的生理需求；同时他还指出室内空间的深度与开窗位置和洞口大小之间有着必然联系，并进行了详细说明；他还强调楼梯的设置应予以重视，在安全的前提下应尽量满足人们使用的便利，并对楼梯尺度和材料进行了详细说明。此外，杨大金还提到了噪声污染通过窗户进入室内的问题，但基于当时技术手段，并没有提出更为合理的解决办法。[①] 虽然在近代中国尚未形成人机工学理论体系，但通过近代上海建筑师对室内空间细节的研究，我们也能看出理性思想引导下建筑设计以人为本的主张，这对推动近代上海室内设计发展起到了积极作用。

通过上述几种设计理念的变化，我们能够看出在理性思想主导下近代上海建筑内部空间设计发生的本质转变，这与近代"西学东渐"的时代背景不无关联。需要指出的是，虽然现代主义大师密斯·凡·德·罗（Mies Van der Rohe）在1929年设计的巴塞罗那展览会德国馆中，开创性地把室内空间从建筑实体中解放出来，并且同时期上海的建筑界对现代主义思想也颇有研究（详见第四章第三节），可这种空间形态并未得到重视或发展。这反映出在近代上海"重利思想"下，人们更加重视建筑的经济性和实用性，并未对西方建筑文化中的空间美学做出深入探究，对西方建筑文化总体保持着"拿来主义"的态度。但无论如何，理性主义的介入使近代上海建筑文化发展得以突破传统，走向现代，也为近代上海室内设计朝现代化、职业化发展奠定了基础。

第四节　地域特色建筑空间

里弄住宅[②]是近代上海出现的一种极具地域特色的民居建筑形式，是最贴近人的"生活容器"，它的发展演变几乎贯穿着整个上海近代史，不仅客观记录着人们的生活状态，还几近完整地反映着近代上海建筑空间设计的发展特征。

如前文所述，小刀会起义打破了上海"华洋分居"的状态，加之随

---

① 参见杨大金《房屋各部构造述概》，《中国建筑》1936年第29期。

② "里弄"名称的由来是受到我国古代城市管理所推行的里坊制度的影响。里坊制可追溯到我国先秦时期，当时称为"里""闾"或"闾里"；北魏时期始有"坊"这一称谓，隋朝正式以"坊"作为城市居住区管理的基本单位；唐代，里坊制度已趋于完善；北宋末期，随着"侵街"合法化和"夜市"的繁荣，里坊制度逐渐消亡，但以"里坊"定名城市居住区域的习惯保存了下来。上海地区素有将小巷或居民小聚落称为"弄"的习惯，后来"里弄"就成为上海城市居民聚居点的称呼。

后的太平天国运动，使得租界内华人数量陡增。西人看准商机，依照欧洲联排住宅模式搭建了大量的简易木板房出租给躲避战祸的华人，以谋求经济利益。由于上海古有"五户为邻，五邻为里"的说法，人们就沿用"里"来定名此种联排房屋，这可谓里弄住宅的雏形。但毕竟木板房屋存在较大的安全隐患且不易长久使用，1865 年工部局制定的《上海洋泾浜北首租界章程》第三十三条明文规定租界内不得使用草席、竹子或其他易燃材料建造房屋，否则将予以重罚。[①]虽有此项规定，可投机商已经尝到了高额利润带来的甜头，投资房地产势不可当。于是基于当时的营造技术和建筑材料，地产商们继续沿用联排住宅的布局模式，采用中国传统建筑技术在租界里圈地造屋。这一方面推动着近代上海房地产业走向兴旺，同时也催生了上海最早的里弄住宅建筑。

学界一般将里弄住宅的演变过程分为如下几个阶段：早期石库门里弄、后期石库门里弄、新式里弄、花园里弄和公寓式里弄。[②]以下就不同时期里弄建筑的内部空间的特点予以论述。（图 3-15）

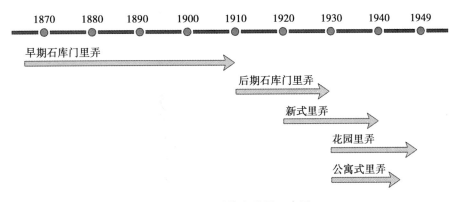

图 3-15　里弄住宅发展示意图

早期石库门里弄产生于 19 世纪 60 年代后期，在 19 世纪末、20 世纪初达到兴盛，其建筑内部空间基本承袭江南传统民居的形式。一般采用三

---

① 马长林等：《上海公共租界城市管理研究》，中西书局 2011 年版，第 241 页。

② 在诸如罗小未、王绍周、郑时龄、陈从周、章明、伍江、沈华、杨秉德等前辈学者的相关著作中，均提到里弄住宅发展的上述五个阶段，但对其单体建筑的形式是否属于概念上的里弄民居亦有所讨论或异议，于此不再赘述。从研究近代上海室内空间的角度出发，作者姑且将花园里弄和公寓式里弄中的一些单体建筑类型包含在论述范围之内，于此说明。

间两厢的对称式布局，前后两个天井，前部主楼为两层，后部配房为一层，明间为客堂，厨房安设在建筑后部，也有规模更大的五间两厢带檐廊式布局。总体来看，早期石库门里弄建筑内部空间的最大特点是延续了传统建筑内向性、对称性、礼制化的空间布局。

　　早期石库门建筑沿用中国传统建筑的空间形式主要有两方面原因：一方面，19世纪60年代租界人口激增的主要原因是来自上海周边地区躲避战祸的华人增多，这些人中有能力在租界置办房产或租住生活的多是江浙一带的富贵阶层，至少也是有一定财力的有钱人，他们初来乍到，并不会立刻改变自己的传统观念，而且外商最早搭建的简易木板房并不能满足一个大家庭同居共炊的传统生活习惯，所以仿照江南民居建造合院式住宅更受市场欢迎；另一方面，外商曾经受到过"人潮退流"的打击，[1] 为使房子这个"商品"更有市场，他们不得不重视当时国人的生活习惯，再结合最大化地利用土地的原则，就催生了整体西式布局、单体中式空间的早期石库门里弄住宅。（图3-16）

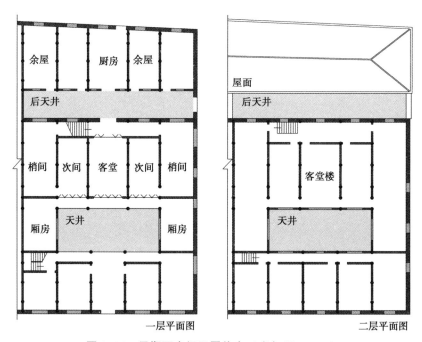

一层平面图　　　　　　　　　　　　　二层平面图

图3-16　早期石库门里弄住宅（兴仁里，1872）

---

① 1864年太平天国运动失败后，如潮水般涌入租界的难民中，有相当一部分如退潮般返回了故土，对当时上海刚起步的房地产业无疑带来了沉重打击。

后期石库门里弄出现在 20 世纪 10 年代。20 世纪初，随着上海经济发展，吸引了大量外来劳动力，人口数量不断猛增，中产阶级也慢慢崛起，这进一步促进了房地产业的兴盛。与此同时，资产阶级领导的辛亥革命推翻封建帝制，他们主张除旧布新，宣扬民主、平等、自由的资产阶级新思想，深刻影响着这一时期国人生活理念的转变。尤其是在门风开放的近代上海，个人利益的觉醒使得宗亲聚居、家长制大家庭的传统生活模式逐渐被城市小家庭所取代，而"大家庭的解体"导致了对住宅空间的新需求，加上城市地价暴涨和房地产业发展是依托于满足不同阶层的现实需求，这些因素综合使得石库门里弄住宅的建筑空间发生演变。

从这一时期兴建的里弄住宅来看，后期石库门里弄建筑出现了双开间，甚至是单开间的形式，不再强调单元建筑内部空间的"对称性"，客堂的"厅堂"功能淡化，逐渐过渡成"穿堂"功能，配房多改为厢房使用，并且临街开窗。某些建筑楼上房间开始出现阳台，内部空间向外扩张，增强了室内舒适度和采光效果。为充分利用土地，住宅的天井面积明显缩小，这也使得建筑内部空间装饰所关注重点得以走向室内。由于单位建筑占地面积的局限，空间开始朝上发展，或为三层楼房，后部增设亭子间以弥补没有配房储藏杂物的功能需求。此外，若从建筑平面来看，有些后期石库门建筑内部空间只是把早期石库门住宅从中间"一分为二"。这种"分家"的做法在空间语言上折射出近代上海传统家庭生活理念与组织模式的变迁。值得一提的是，这时的里弄住宅虽然在内部空间设计上有所发展，但从围墙高度来看（通常为 5 米左右），以高墙区分内外的目的性非常明确，还是可以看出与传统宅院追求内向性、封闭性的空间心理仍然保持着内在关联，且石库门门头高挺，也映射出传统观念追求"高门大户"的世俗心理。（图 3-17）

20 世纪 20 年代，出现了新式里弄住宅，其最大特点是：单元建筑尚无法摆脱长方形空间的束缚，但内部空间分划开始考虑不同的功能需求，如餐厅、备餐间、起居室、箱子间等功能空间逐渐明晰，有的住宅甚至还出现了玄关空间，卫生间成为必要的独立空间。此外，为了提升生活品质——获得良好的室内采光通风效果，空间形态发生重大变化，表现为进深缩短，开窗增多，而从新式里弄外部空间来看，高挺的石库门门头被列柱式大门所取代，围墙高度也随之降低，这种做法显然是基

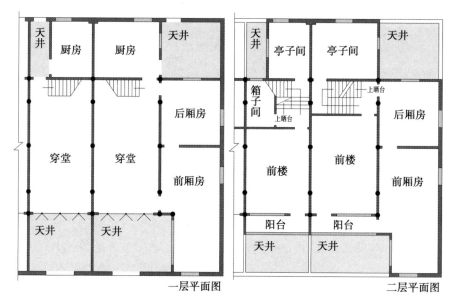

一层平面图　　二层平面图

图 3-17　后期石库门里弄住宅（西斯文里，1914—1924）

于里弄住宅的整体环境氛围来考虑的。

　　总的来看，新式里弄住宅所体现出来的空间特点，明显有别于中国传统建筑先依照建筑结构排布空间，再冠以功能用途的设计思维，也不同于西式复古建筑以中厅为主的空间组织手法，与理性主义下的现代建筑设计亦有所区别，是多种空间设计理念综合作用的结果，带有"海派"文化的特征，呈现出明显的地域特色。（图 3-18）

　　到了 20 世纪 30 年代，里弄住宅又产生了花园里弄这一新形式，并于 40 年代趋于兴盛，它是融合了新式里弄和别墅住宅的特点演变而来，无论是其建筑标准还是内置设备均比先前的里弄住宅要舒适很多。花园里弄住宅建筑在初期还有采用砖木结构的，后期便以钢筋混凝土结构为主，这也为内部空间的多样性发展提供了技术保障。花园里弄住宅建筑以两三层为主（或带假层设计），更加注重采光通风和室内空间的舒适度，西式壁炉作为一种实用的空间元素被广泛用于起居空间中，由此也能看出西方生活文化带来的影响。由于规格设定较高，建筑平面打破了以往里弄住宅单幢方形平面的局限，呈现多样的平面类型，有单开间、双开间或三开间，也有半间参与到空间构图之中的，即"间半式"或"两间半式"。在带有仆佣房的花园里弄住宅

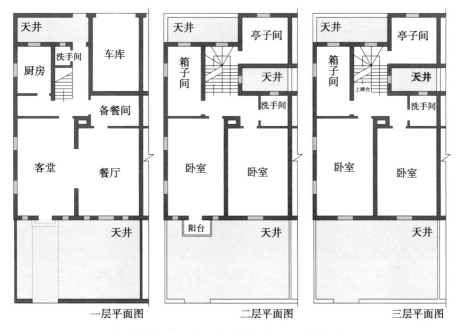

一层平面图　　　　二层平面图　　　　三层平面图

图 3-18　新式里弄住宅（静安别墅，1928）

中，用人间一般设在建筑北侧，有单独的出入口，并不与宅主共用一个大门进出，甚至有些住宅还专设用人卫生间，入口朝外，这也依稀反映出"尊卑有别、内外有分"的传统观念。此外，就住宅外部环境而言，绿化面积占有相当比重，有些甚至超过建筑面积两倍以上，围墙被栅栏或绿篱所取代，这种举措加强了内、外空间的视觉联系，使室内空间得以更具开放性。（图 3-19）

　　公寓式里弄是规格稍低于花园里弄的一种住宅形式，是结合新式里弄的布局特点和公寓建筑的功能配置发展而来的一种里弄民居，多建于 1931—1945 年间。[①] 公寓式里弄的每幢房屋不再是独门独户，而是由一套或几套独立的住户组成，大家共用楼梯间，建筑内部空间趋于紧凑，以功能为主，布局更加多样化，动线设计成为空间组织的重点。有时建筑设计过于追求外部形态所表现出的"个性"导致内部空间琐碎，所以分散安排或利用边角作储藏空间也是公寓式建筑室内空间的特点。公寓式里弄住宅的室内空间设计反映出人们已经脱离家族

---

①　王绍周、陈志敏编：《里弄建筑》，上海科学技术文献出版社 1987 年版，第 85 页。

图 3-19　花园里弄住宅（上方花园住宅，1938）

聚居的传统模式，更加开放和独立，并且追求"与众不同"的空间形态设计也折射出"摩登文化"对这一时期上海建筑发展的影响。（图 3-20）

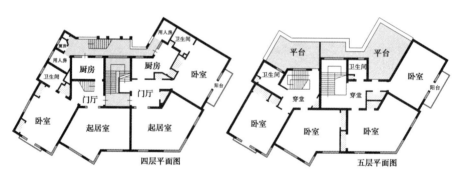

图 3-20　公寓式里弄住宅（新康花园，1933）

　　如果说"城市是文化的容器"，那么这些文化就会沉积在人们日常生活的住宅建筑中，从里弄住宅建筑的内部空间形态演变，我们能看出近代上海人们在思想观念、生活理念上的转变——从"重传统"，发展为"重功能"，再固化为"重个性"，"中"与"西"、"旧"与"新"的文化演进主线清晰可见。可以说里弄住宅是以空间语言演绎着近代上海城市文化发展由传统走向现代。（图 3-21）回过头来，我们不妨这样设想，住宅作为人们生活中最常使用的"工具"，当这个"工具"的本质——空间发生变化时，若不是人们在生活理念、文化追求上摆脱了过去，也许就像国人不会使用刀叉吃饭一样，不会接受这种本质的变化。

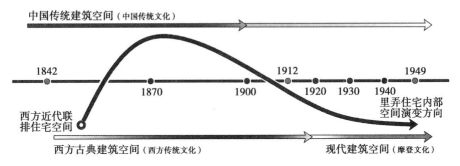

图 3-21　近代上海里弄建筑内部空间形态演变示意图

第四章

近代上海室内设计风格流变

第一节　延续的中式风格

封建社会晚期，中国传统建筑无论是技术还是艺术均日臻完善，达到高度成熟阶段，但由于"藏礼于器"和"述古不作"的封建思想，使传统建筑文化发展总是面临一种窘境。步入近代，随着封建社会土崩瓦解和"西风东渐"浪潮涌进，给传统建筑文化发展带来了契机，尤其是到了20世纪20年代，在民族复兴思潮引领下，逐渐成熟的华人建筑师开展振兴传统建筑文化的新探索，使中式传统风格呈现更加多彩的面貌，这些在开放的上海尤为凸显。

一　近代上海中式传统风格

灿烂的中华文明孕育了我国独具意蕴的建筑文化，并且始终延续着原初的基本形制和美学原则，成为世界建筑艺林中一朵久开不败之花。时至明清，经过历代发展，中国传统建筑无论是技术还是艺术，均日臻完善，达到高度成熟阶段。与此同时，传统建筑在我国封建社会后期发展出明确的定式准则，形成严密的营造法度，这也影响着我国传统室内设计。然而室内毕竟是建筑的内在，并不像建筑外在一样担负着沉重的社会职责，这使得中国传统室内设计在具体手法和艺术表达上较为灵活多样，加之地域文化和审美品好的浸润，不同区域甚至同一地区不同建筑的室内设计也表现出"同宗不同源"的艺术风貌。在近代上海中式传统风格室内设计中，界面装饰决定着空间环境的整体格调，门窗隔断则是美化空间的重点，而细部构件的雕饰又起到点睛作用。

室内界面装饰

顶棚：近代上海传统建筑室内顶棚多以露明为主，装饰设计主要体现在木构件雕饰上（主要包含梁、枋、机、辅作、桁、椽等）。露明的做法显得室内高敞深幽，有利于顶部通风，防止木架结构受潮腐败，适应了江南地区的潮热气候。在江南地区，一些梁高间深的传统建筑中，尤其是宅第厅堂，室内前、后部往往会加设"轩"。轩是一种附于主体屋面之下高敞拱曲的空间，类似廊，是江南传统建筑特有的设计（一般把位于室内空间之外的轩称为"廊轩"，之内的轩称为"内轩"）。近代上海传统建筑的内轩高爽精致，轩梁雕刻精美，是丰富室内空间层次和凸显室内顶棚装饰的重要手段。轩顶通常做露明处理，并依照顶部用椽的形式可分为一枝香轩、船篷轩、弓形轩、鹤颈轩等。进深大的轩有时会用两根轩桁将其分为三界，有种室内假屋的错觉，增强了室内顶棚的装饰效果和层次感。此外，江南地区传统建筑亦有"升楼"的做法（楼房建造），即在开间进深方向设承重梁，梁上架设搁栅（即木龙骨，刻槽或榫卯与梁平接），上铺楼板，和合缝或企口缝拼接以防尘埃。近代上海传统楼房底层顶部一般不做特别处理，二层楼板的下部结构直接构成了底层室内的顶棚。在一些传统民居建筑中，有的二层楼房也会在室内局部架设楼板，以充分利用人字庇所形成的屋顶空间做储藏之用，其侧面封板或不封，是出于实用而产生的空间形态和顶棚效果。（图4-1）

图4-1　上海传统建筑顶棚装饰（雪海堂）

墙体：江南地区传统建筑的立帖构架可分为穿斗式、抬梁式或二者相结合三种类型，墙体并不参与结构承重，主要起围合、分割空间的作用，民间素有"墙倒屋不塌"的说法。近代上海传统建筑隔墙所使用的材料多用黏土烧制砖砌筑，① 清水勾缝或施以纸筋石灰打底再混水粉刷（多是使用石灰浆刷白），也有用木板分隔室内空间或竹篾装饰墙面的做法，各具特色。所谓的室内墙面装饰主要体现在立帖架构自身所形成的结构之美或是节点雕饰上。值得注意的是，上海传统建筑室内砖墙与边帖内缘柱的交接部位，往往会突出柱中线一寸（约27毫米）砌成直角或倒角，这些细微之处也影响着墙面在室内空间的装饰效果。（图4-2）此外，受西式建筑的影响，近代上海的一些传统建筑室内墙面有时也会使用瓷砖铺贴台度（Dado，即墙裙），或在一些有壁炉的传统建筑中，壁炉框会成为室内墙面装饰的重点，风格式样多为西式。

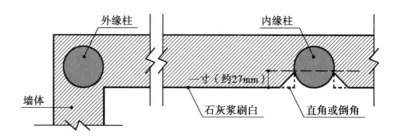

图4-2　上海传统建筑边帖墙面细部特征

　　铺地：我国传统建筑室内铺地所使用的材料主要分为砖石和木板两大类。近代上海传统建筑铺地多用平素方砖（青石板）对缝细墁或淌白铺设，少见斜墁方砖的手法用于室内。这种情况下，承托立柱的柱顶石往往会有雕刻装饰，成为室内地面装饰的切入点。②（图4-3）而木板铺地如同升楼做法，龙骨格栅上铺设木板，边缘处一般不做特殊收边处理。此外，由于工业发展和西方建筑文化的影响，近代上海传统建筑中也有用瓷砖铺地的做法，图案色彩变化多样，但与中式传统风格的空间环境显得不甚协调，有迎合潮流之感。

---

　　①　江南地区墙垣砌法主要以扁砌（平砌）、扁砌结合空斗、空斗式砌法等，《营造法原》中称其为实滚、花滚、斗子。由于砖块铺摆方式不同，也形成了多样的纹样肌理，其本身就具有一定的装饰效果。

　　②　柱顶石即柱础，可分为平础和立础：平础一般仅用坚硬的礩石撑托立柱，礩石与室内地面相平或略高，多用于简单的房屋；立础是在礩石（或阶条石）与立柱之间增置鼓石。上海地区立础较为常见。

图4-3 上海传统建筑室内柱顶石装饰

门窗装饰

门窗是室内空间的重要组成元素，起着通风采光、联接外部的作用。在气候湿热的江南，门窗对空间物理环境的调节作用尤为凸显，成为上海传统建筑内部空间围合的主要界面。在江南地区，门窗制作被香山帮工匠归列为大木作的范畴（此举也说明门窗在江南地区传统建筑营造的重要性），一般是在门窗设计制作完毕后再进行主体结构建造（立架），这样做是为了确保雕饰精美的门窗尺寸与建筑结构完全契合。由于门窗的重要作用，又是相对接近人体尺度的建筑构件，自然成为空间装饰的重点。

上海传统建筑的房屋门主要包括板门、隔扇门（长窗）、屏门等，窗有槛窗（半窗）、支摘窗（和合窗）、横披窗（横风窗）、风窗等。做工讲究的传统门窗主要体现在格心（心仔）、绦环板（夹堂板）和裙板的装饰上，其中又以格心图案变化最为丰富，也最能体现地域特色。江南地区传统门窗格心常用的图案有井格纹、万川纹、井字纹、书条纹、冰裂纹、海棠棱角纹、灯景纹等，而构图形式又可分为宫式、葵式，整纹、乱纹。[①]葵式较宫式更为灵动，乱纹较整纹相对丰富，这些纹样形式在近代上海的

---

① 所谓宫式者其内心仔，均以简单之直条相连；葵式者其内心仔木条之端，多做钩形之装饰。整纹者其内心仔构成之花纹，相连似葵式而多扭曲，空间常饰结子，雕各式花卉；乱纹者似整纹，唯花纹间断，粗细不一。参见姚祖德《营造法原》，中国建筑工业出版社1986年版，第43页。

传统门窗格心装饰设计中均较为常见。至于绦环板、裙板上的装饰则是以木雕为主，或用象征祥福、隐喻品德的装饰题材，或用程式化的装饰手法，与江南传统建筑文化一脉相承。（图4-4）

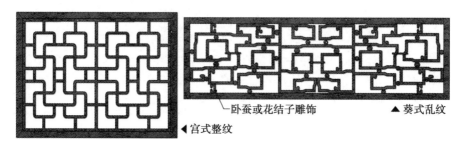

卧蚕或花结子雕饰　▲葵式乱纹

◀宫式整纹

图4-4　江南传统门窗格心装饰构图示意

由于玻璃在近代上海建筑领域广泛使用，随即成为传统门窗格心镶嵌的主要材料。玻璃在改善室内透光的同时，也使棂条搭接不再拘泥于明瓦的尺寸，变得更为自由、简明。近代上海传统门窗格心的玻璃灯笼格愈有增大的趋势，装饰纹样也紧绕玻璃宕子，整体显得更加简洁，加上外来文化的渗入，传统门窗的格心设计有时会融合西方纹样，或是局部镶嵌彩色压花玻璃，给传统建筑门窗风貌带来了不小的影响。（图4-5）

图4-5　近代上海传统建筑门窗格心设计

近代上海传统建筑的板门装饰主要体现在五金配件上，常用吉祥图案或铜钱纹样，也有用竹片或方砖镶钉木门正面的做法，这是出于保护门板、防火防腐的目的。此外，近代上海的传统建筑也有用西式板门的，多用于室内或厢房侧门，是一种"拿来主义"的做法。值得注意的是，上海传统建筑室内门窗上的装饰面通常设置在开启方向的相反侧，例如门窗向外开，装饰面便设在内侧，或是向里开，装饰面就设在外侧。这是因为上海地区气候相对湿热，需经常开启门窗通风，装饰面与开启方向相反便经常可展露在外，充分显示装饰效果。

室内隔断

我国传统建筑室内空间的分割手段除了墙体实隔外，还包括各种屏、帷、罩、挂落、博古架等虚隔手法，这些隔断因子相互组合，或似隔非隔，或隔而不断，构成了灵便通畅的室内空间体验。这也是得益于传统建筑的框架式结构使任何作为空间分隔的构造设施都不与房屋结构发生力学关系，因而可以在形式设计上更为自由。近代上海传统建筑室内空间分隔手段秉承了我国传统做法，又兼具江南特色，在图案设计上追求疏密有致、玲珑高雅的装饰意匠，常用的有万川纹、藤茎纹、冰裂纹等，构图上亦有葵式、宫式，整纹、乱纹之分。

精雕细琢的细部构件

我国传统建筑室内装饰以雕饰为主，其中木雕占据了绝大份额，常用在梁柱构架和门窗家具的制作上。明清时期，我国古代木雕工艺发展至全盛阶段，江南一带的木雕材美工巧，更是驰名内外，也使木雕装饰在上海的传统建筑中得以广泛应用。就上海传统建筑雕饰纹样来看，大体可分为景物花草、鸟兽虫鱼、人物故事或吉祥纹案等，雕饰部件主要施于梁架、短机、抱梁云、山雾云、牌科、挂落垂头、隔扇裙板、楼梯栏杆、家具装饰上。这些艺术手法与实用构件完美契合，既体现主人审美偏好，又达到凸显门第的作用。总体来看，上海传统建筑木雕装饰题材广泛，内容丰富，技艺精湛，基本师承了江南地区的木雕艺术特色，在美化生活、寄托情思的基础上，又传达出浓郁的人文色彩。值得一提的是，铜钱纹多被用在近代上海传统民居的细部装饰上，此举甚至影响了上海近代西式建筑的室内设计。在威尔逊设计的汇丰银行大楼底层大厅中，就曾采用中国式铜钱纹样进行线脚装饰，以凸显银行建筑室内设计的商业氛围，这也反映出近代上海浓烈的商业文化对室内装饰设计的影响。（图4-6）

图 4-6　上海传统建筑的细部雕饰（醉白池）

二　中式风格的新发展

如前文所述，20 世纪 30 年代中国建筑界掀起一股传统复兴思潮，此时活跃在上海的华人建筑师积极加入其中，开始主动探索传统建筑文化的新发展，取得了令人瞩目的成就。

由李锦沛、范文照、赵深合作设计的中华基督教青年会大楼（1931年)①，是近代上海较早迎合传统复兴思潮的一座现代建筑。建筑楼高 10 层，正立面采用三段式构图：下部三层为花岗石贴面，入口及腰线部位带有中式雕刻纹饰；中部四至八层贴褐色泰山砖；顶部采用传统的两重蓝色琉璃瓦顶，翼角微翘，檐口饰有斗拱和彩画。就建筑外观设计来讲，基本是现代高层建筑结合中式传统元素做法。在其室内设计中，建筑师同样借鉴了中式传统风格，进厅采用平行双合式楼梯，栏板设计为中式石雕勾阑，门厅、宴会厅、客厅等处的顶棚设计依照结构梁采用井口天花的形式，施以油漆彩画并悬吊宫灯，门扇设计也是仿照传统的三交六椀菱花格心隔扇门的形式。只是室内柱子并未采用中式传统建筑中常用的圆柱体，而是选择更适合钢混结构施工的方柱体。就整体来看，青年会大楼室内设计的比例尺度考究贴切，不失为现代建筑融合中式传统风格的有益尝试。而在李锦沛随后设计中华基督教女青年会大楼时（1933 年)②，他秉承了同样的设计理念，其室内设计依旧是现代建筑空间套用中式传统装饰风格的做法。（图 4-7）

---

①　设计于 1929 年，建于 1931 年，又称"八仙桥青年会"，江裕记营造场承建，位于今西藏南路 123 号。

②　建于 1933 年，位于今愚园路 133 号。

图 4-7　中华基督教青年会大楼建筑及其室内环境（现状）

　　在近代上海传统复兴思潮中，依托"大上海计划"兴建的一些建筑，无论是社会影响，还是艺术成就，无疑是这股潮流的代表。建筑师董大酉在设计市政府大楼（1933 年）时，由于新楼的文化意义显要，在注重功能前提下，建筑外观比照中国宫殿式建筑风格，体现出传统建筑的辉煌美感。大楼室内装饰设计也是沿用中式传统风格，平旗天花、朱柱彩画随处可见，家具灯饰也带有明显的传统色彩。位于二层的大礼堂是市政府大楼室内装饰设计的重点：墙面分为上下两段，下部采用须弥座形式，上部用线条勾勒出传统的海棠池子，这种做法是将中式传统建筑的室外墙面装饰元素引入室内装饰设计之中；顶棚设计借鉴了故宫养心殿，梁枋施以和玺彩画，中央采用八角星形构图，只是蟠龙藻井简化成了青天白日图案。可以说，上海市政府大楼室内设计是近代上海对中国传统建筑文化的高度"总结"。（图 4-8）

图 4-8　上海市政府大楼（现状）

　　不过，在市政府大楼室内设计的一些局部细节上，还是能够看出设计师对中国传统建筑文化发展的探索。例如大楼的楼梯栏杆设计和入口门扇设计就采取了变通的做法：楼梯栏杆设计借鉴葵式造型，采用二方连续的构图形式，用铁艺材质塑造了极具传统韵味但又不同于以往的栏杆形式；而菱花隔扇融合拱形门的做法也是传统建筑鲜见的形式，因为中式传统建筑的隔扇门是以木材为主，若想做出大面积的曲形门框，实为废料，但市政府大楼的入口大门采用金属材质，就可塑性来讲远优于木材，所以也能创造出别样的"隔扇"来。

　　在依托"大上海计划"兴建的另外一幢建筑上海市博物馆（1935年）室内设计中，建筑师将平行双合楼梯置于室内中央的显要位置，使博物馆的公共空间带有西式古典空间的意味。但室内整体装饰设计依旧沿用中式传统风格，使得整个室内空间散发出别具一格的环境气质。这种设计手法是建筑师利用不同的空间语言试图推动中式传统建筑文化发展的探索。而在它的"姊妹楼"上海市图书馆（1935年）室内设计中，建筑师利用铁艺材料，以"飞上枝头"的孔雀造型为题材设计室内大门，带有新艺术运动风格的特征。这种"中西融合"的做法也是对传统风格新发展的有益尝试。（图4-9、图2-66）

图4-9　建成之初的上海市博物馆室内环境

除了上述的一些大型公共建筑外，这一时期的娱乐建筑也会借鉴中式传统风格进行室内设计，例如由近代上海知名建筑师杨锡镠设计的大都会花园舞厅（1935年，已拆）便是一例。这座建筑从设计到完工仅用了不到3个月的时间，其建筑外观及室内设计充分融合了中式传统元素（如斗拱、朱柱、彩画、藻井设计等），营造出"亦古亦新"的室内环境。但若深入其中仔细品味，这些传统装饰符号又都经过一定的艺术处理。如休息室的门扇格心与旋子彩画，总体是典型中式构图，但细部内容却有所改变，更具几何装饰的意味。而舞厅中央的穹顶壁画及舞台背景，采用龙凤图案，设计得活灵活现，并无程式化之感，成功地将中式传统元素中原本肃穆的装饰符号运用到了极具动感的娱乐建筑室内设计中。这种"传统"与"现代"的融合在当时来讲可谓一项大胆的创新，对传统室内设计风格发展起到积极的推动作用。（图4-10）

图4-10 大都会花园舞厅室内环境

此外，在这一时期居住空间室内设计中，也有传统"改良"的做法。如位于老上海大德路上的何介春住宅（1933年）[1]，其室内氛围、家具陈设古色古香，但顶棚装饰和梁枋彩画却采用石膏浮雕的形式予以表现，墙面装饰则借鉴了西式装修的做法，这些也是对传统室内装饰风格发展的有益尝试。（图4-11）

上述一些案例在设计之时，正处在民族意识强盛的文化背景下，这些建筑师均是科班出身，或有西方建筑教育背景，或接受过本土大学的

---

[1] 完工于1933年前，建筑师黄元吉设计。

图 4-11　何介春宅

建筑教育。① 他们结合自身所学，迎合时代发展，发扬"中国固有形式"，使中国建筑文化发展"开新径、现异彩"，是这一时期本土建筑师力求承担文化复兴和文化发展的职责体现。另一方面，这些作品的成功说明专业设计师在推动室内设计文化发展中起着至关重要的作用，因为他们接受过专业教育，在思想、方法和文化追求上有独到见解，这一点也是近代上海室内设计能够繁荣发展的重要原因。此外，近代上海建筑师通过室内设计探索中式传统建筑文化新发展，也说明室内设计在促进文化发展中同样起着关键作用。

第二节　"拿来"的西式复古风格

开埠之前，上海虽然已经有了各式各样的西洋器物，也有传教士在此活动，但西方生活文化和建筑文化还没有真正意义上地传播开来。开埠后，西方商人随即来到上海，他们把习以为常的生活方式和居住习惯带到了这里。于是，与中国传统生活截然不同的西式生活方式开始出现在人们的视野之中，掀起了近代上海室内设计文化发展的新一页。

---

① 文中提到的建筑师学历分别为：李锦沛（1900—?），1923 年获美国纽约州立大学建筑学文凭；范文照（1893—1979），1921 年毕业于美国宾夕法尼亚大学建筑系，学士学位；赵深（1898—1978），1923 年毕业于美国宾夕法尼亚大学建筑系，硕士学位；董大西（1899—1973），1925 年获美国明尼苏达大学建筑及城市设计硕士学位，1927 年进修美国哥伦比亚大学研究生院美术考古博士课程；杨锡镠（1899—1978），1922 年毕业于上海南洋大学土木科，学士学位；黄元吉（1901—?），毕业于上海南洋路矿学校土木科。

一　早期的殖民地式风格

开埠初期，来到上海的西方人多为男性，他们到此是为了攫取财富，多数人并不会在自己的房子上花费更多心思。这时期西人兴建的洋行尚属殖民地式建筑，兼有办公和居住的功能，室内装饰主要以花卉或绘画点缀，也有从西方随船运来的西式家具或陈设器物。但基于当时的生活理念和经济条件，洋行的室内装修设计相对简陋，异域的风格感受主要体现在家具款式和陈设饰品的布置上。在当时的不少洋行建筑中，客厅几乎都不放置桌椅，据说是为了避免谈买卖时冗长的客套和漫无边际的讨价还价。① 这也反映出当时西人的心态——快速赚到财富后马上离开。在这种思想下，所谓的殖民地式风格室内设计体现出效率优先的特点。

随着租界经济的发展，西侨开始注重改善日常生活的环境品质。由两张摄于 19 世纪 60 年代末的珍贵历史照片，我们能够看出当时租界内西侨住宅中的环境状况：室内摆放着各式各样的西式家具和陈设品，墙面除了挂画外，并不做过多的装饰设计，但壁炉框的形式还是明显呈现出西式风格的特点。地面铺设带有中式纹样的地毯，室内顶棚也仅以煤气灯的款式选择作为装饰切入点。有意思的是，室内一侧墙面挂满了中式传统刺绣，似有充当壁纸的想法。就这两张历史图片来看，此时的西人已经开始依照西方思维进行室内装饰，所表现出的环境品质与中国传统室内设计风格也是截然不同。不难想象，这对于开埠早期的上海来说，已经算是新奇的"讲究"了。（图 4-12）

图 4-12　开埠早期殖民地式建筑的室内环境

① 钱宗灏等：《百年回望：上海外滩建筑与景观的历史变迁》，上海科学技术出版社 2005 年版，第 26 页。

二 维多利亚风格

19世纪末，那些先到上海的殖民者已经赚取了相当多的财富，经营状况也趋于稳定，他们有足够的能力和精力放在享受生活上，在异国他乡寻求贵族般的生活情景，是这些获得"成功"的殖民者满足自负心理的最好途径。而定期的远洋航线也会带来本国最新的时尚讯息和装饰材料。所以，体现贵族梦想的维多利亚风格室内设计自然会成为这些身处异乡的"新贵"改善生活的首选。

英国女王维多利亚时期（1837—1901），英国正处在工业发展的辉煌阶段，政治经济也在急速扩张之中，其殖民地可谓遍及全球，被称为"日不落帝国"。此时崛起的中产阶级为了博得社会的接纳与认可，在生活、审美上也是竭力效仿贵族阶层，加之维多利亚女王对新兴中产阶级的有意识笼络，使得她所偏爱的体现尊贵身份的奢华装饰成为这一时期英国中产阶级文化追求的主流思想。而工业生产推动了英国制造业发展，使原本靠手工艺生产的装饰艺术品变得更为便捷、高效、廉价，为这些产品的广泛使用提供了条件。加上这一时期欧洲的考古大发现，在探索人类文明历史的同时，也为西方设计文化发展提供了丰富的艺术语言。这时的英国社会，取巧地借用历史上各种经典装饰元素展现财富和地位成为一种社会风尚。装饰成为维多利亚风格所有设计的主题。[①] 总的来说，维多利亚时期欧美中产阶级的室内设计可以依个人喜好进行艺术语言的自由混合，以装饰多样、富丽著称。

在19世纪末，生活在上海的西人住宅中，室内装饰装修已经成为普遍的做法。壁纸和实木踢脚成为墙面装饰的主要选材，而讲究的墙面则会被设计成三个部分：下部墙裙（或是高护壁）、中部墙身、上部檐壁。墙裙用木板镶嵌（常用柚木），是将木板嵌入四周的刻有线脚装饰的木框架中，这样可以改善木板因潮湿环境产生弯曲变形的不利特性；墙身使用壁纸贴饰，图案设计为当时欧美最为流行的款式，多是体现繁富效果的装饰纹样；檐壁部分刷白或是有花叶边饰，檐壁的檐口部位往往会采用层次丰富的古典线脚，有些檐壁还会刻意设计成斜面或坡面，使室内空间产生向

---

① ［美］约翰·派尔：《世界室内设计史》，刘先觉译，中国建筑工业出版社2007年版，第241页。

上的升腾感，营造出类似贵族大宅的空间感觉；室内顶棚设计多用造型细腻、构图规整的石膏线条以增强装饰感，也常有垂饰嵌入其中；地面铺设柚木或柳桉木地板，一些重要房间还会满铺地毯以增加舒适感。此外，室内门窗洞口经常会做出框饰处理，楼梯也会采用柚木制作以凸显档次，而中心柱往往是体现雕饰的重点部位。（图4-13）

图4-13　19世纪末西人住宅中的室内环境

上海四季分明，冬季寒冷，壁炉成为西人住宅中必不可少的空间设施，也成为凸显室内装饰的重要部位。壁炉框的设计是壁炉装饰的重点，多用石材或木材雕刻，上方挂以油画或镜面装饰，一般客厅壁炉的装饰设计较其他房间更为丰富，风格化也更加明显。有意思的是，近代上海一些西人豪宅中，也有用中国建筑元素装饰壁炉框的做法，例如在近代富商多曼德（Drummond）的私宅客厅中，壁炉框被设计成了中式牌楼的形式，虽与室内环境显得不甚协调，但这种风格矛盾的空间装饰手法却也体现了维多利亚风格室内设计的特点：不强求历史的正确性，实现一种创意性复古。[①]（图4-14）

此时西人住宅的客厅往往是主人最关心的室内空间。墙面总是挂满了各式各样的装饰画，并且采用不对称的非规则布局，有的宅主会效仿欧洲贵族阶层，找画师定制自己的肖像画挂在客厅显眼位置，试图向客人传达自己的尊贵地位。桌面及壁炉隔板上会摆放各种精美的艺术品，风格各异的家具陈设充斥着整个空间，既会有华贵的巴洛克式软包椅，又会有轻巧的洛可可风格咖啡桌，甚至还有豪华的中式家具。此外，大量使用窗帘也

---

① 左琰：《西方百年室内设计（1850—1950）》，中国建筑工业出版社2010年版，第11页。

图4-14　多曼德私宅的客厅

是这一时期西人偏爱的装饰手段，多为落地式以强化室内空间竖向上的垂直比例，营造出豪宅之感。碎花图案和流苏花边被认为是展现富丽的最佳选择，甚至原本贯通的门洞有时也会设置幕帘以增加室内装饰效果。

总体来看，19世纪末上海的西式风格室内设计以追求奢华生活的环境品质为代表，明显呈现出维多利亚式的风格特点：壁纸、护壁、石膏吊顶和门窗框饰极尽能事，尽显华丽，风格多样的家具陈设占据了室内大部分空间，使得整个室内环境散发着繁复的视觉效果，室内装饰的展示和炫耀成分明显大于对功能的需求。

在近代上海，西人对维多利亚风格的追求一方面是源于对贵族式生活的想象，同时也显示出西人通过刻意营造西式奢华环境来凸显自身特殊地位和满足虚荣的价值观念（这对当时的华人社会也产生着深刻的影响作用）。而对日常生活环境的关注，一方面反映出伴随殖民者的财富积累，他们的心理开始发生转变——上海是他们将要永久住下去的地方，这又对进一步引入西方建筑文化做出了积极准备；另一方面，繁复的室内装饰也说明室内设计开始更加受到人们的关注，客观上推动着近代上海室内设计的发展步伐。

三　古典复兴风格

西方历史上，对古典文化再度重视并取得突出成就的文化运动首推发轫于 14 世纪意大利的欧洲文艺复兴运动。那时，觉醒的人们更加注重古典文化中的人文精神（当时古典主义被视为是一种抗衡宗教神权的"新精神"），从而引发了人们对古典建筑文化的再度推崇。文艺复兴风格室内设计强调空间与人的审美应当相互协调、富于理性，主张利用古典建筑语言（如柱式、拱券、穹顶等）塑造视觉突出并且讲求理性构图的室内界面装饰。然而，这种带有世俗审美特征的室内装饰风格在历代建筑艺术家的推演下，逐渐演变成了文艺复兴后期的手法主义和 17 世纪的巴洛克、洛可可艺术风格。18 世纪初，欧洲考古学者先后发掘了意大利庞贝遗址（Pompeii）和赫库兰尼姆遗址（Herculaneum），从这些遗址中发现了大量的古代艺术珍品，向人们真实地再现了古典艺术的辉煌成就。于是人们开始摒弃矫揉造作的巴洛克和洛可可风格，以极大的热情投入到优美典雅、雄伟壮丽的古典艺术探索上。到了 19 世纪，西方建筑师面对庞大的中产阶级新贵族，尝试融合历史上各种风格元素的精华以迎合市场需求，从而兴起了更加注重形式纯正、构图完美的带有历史主义特点的"古典复兴"运动，甚至这股潮流在欧美一直延续到 20 世纪初。

步入 20 世纪的上海，城市建设快速发展，职业建筑师也逐年增多，这些建筑师多有学院派建筑教育背景，古典建筑文化是他们笃信的美学真理和熟练掌握的设计语言。[1] 因此，各种精美的古典风格装饰有机会被大量运用到了此时上海的室内设计之中。

其实在上海开埠初期的殖民地式建筑中，已经有了试图利用西式古典建筑元素作为室内装饰设计的做法，例如建于 1872 年的英国领事馆[2]，它的入口设计就采用了柱式加拱券的做法，只是拱券上方的装饰带和拱基的体量夸大了拱券结构的分量感，使整体比例略显夸张，缺乏美感。而建于1902 年的华俄道胜银行，建筑师已经开始完全按照古典章法进行室内设计，其入口柱廊的多立克柱式撑托着简洁的齿状线脚，使整个廊道给人以庄重之感；二层经典的爱奥尼克柱头设计和三陇板的檐壁装饰，则凸显了古典艺术的典雅魅力。这种成功的做法开启了近代上海古典复兴风格室内设计的潮流。（图 4-15）

---

[1]　学院派建筑教育有如下特征：尚古、折中的学术倾向，唯美、严谨的治学风范，适应国情的发展意识等。参见单踊《西方学院派建筑教育评述》，《建筑师》2003 年第 6 期。

[2]　英国建筑师格罗斯曼（Grossman）和鲍伊斯（Beuys）设计，位于今中山东一路 33 号。

图4-15　华俄道胜银行底层多立克柱廊和二层爱奥尼克廊设计（现状）

　　1910年建成的英商永年人寿保险公司大楼①，可谓近代上海古典复兴风格室内设计的经典之作，其底部门厅的爱奥尼克柱式撑托起帆拱与穹顶相结合的拱顶体系，带有拜占庭风格的艺术特色，且穹顶使用金色马赛克镶贴圣经故事，连同地面、墙壁的大理石装饰铺贴，使得整个空间富丽堂皇，十分气派。大楼底层沿街部位还设有镶嵌着耶稣、圣母等题材的彩色玻璃窗，画面呈巴洛克风格，精妙细腻，引人入胜，可谓近代上海少有的艺术珍品。而其室内公共部分的墙面采用大花白大理石贴面，图案纹样拼合考究，并用深色花纹大理石予以几何分割，又使整个空间散发着文艺复兴风格的理性气质。（图4-16）

图4-16　永年人寿保险公司门厅设计及彩色玻璃窗（现状）

---

①　通和洋行设计，位于今广东路93号。

　　永年人寿保险公司的室内设计采用宗教题材的古典风格，既显得室内空间大气稳重，又符合"上帝保佑"的人性关怀，凸显了永年人寿保险公司的商业理念，开创性地融合了古典艺术与商业文化。这种设计理念不但顺应了近代上海商业发展的现实需求，也迎合了社会的审美潮流，成为20世纪初上海商业建筑室内装饰设计的主流思想，并在随后兴建的汇丰银行大楼中走向高潮。

　　建于1923年的汇丰银行大楼曾被誉为"从苏伊士运河到白令海峡最华贵的建筑"，其室内设计堪称近代上海古典复兴风格的典范。大楼底层入口的八角厅是整座大楼室内设计的精华部分，设计师利用希腊神话中的人物故事结合城市题材的马赛克镶嵌画隐喻银行家所必备的品质素养和银行实力；而在银行中央大厅玻璃天棚下方采用铜钱状纹饰来预示银行对财富的追求，并且在铜钱纹饰下方又雕琢着100柄出鞘的利剑［西方传说中的达摩克利斯剑（The Sword of Damocles）］，意在告诫人们追求财富的同时，应当时刻自警、提防风险。这些设计语言将商业文化与西方古典文化完美契合，实为近代上海古典复兴风格室内设计的经典代表。（图4-17）

图4-17　汇丰银行大楼中央大厅的细部装饰

　　这一时期，不仅是外商建筑采用古典风格室内设计，华商也加入其中，推动着潮流涌进。例如1926年落成的华安大楼①，是由近代上海规模最大的民族资本保险公司"华安合群保寿公司"投资兴建。其底层大厅

①　1939年改为金门大酒店（今仍沿用此名），哈沙德洋行设计，位于今南京西路108号。

入口处的两根黑色大理石多立克柱式，无论比例还是做法，均是地道的古希腊风格，浑厚刚劲，仿佛撑托着整座大厦，是雄厚实力的象征。厅内方形壁柱上的大理石浮雕利用竖向构图的阿拉伯花饰，呈现出文艺复兴时期的风格特点。而大厅顶部规整的井格状藻井，细部处理甚是丰富：每个井格向内分为两层，深浅相间，层次分明，周边是叶状线脚，中央嵌有立体圆花；横梁下采用希腊式回纹装饰，深色边框，圆花博斯（Boss）；顶棚周围饰以雨珠线脚，间有小圆花，规整之间带有灵动的华美。此外，大厅两侧带山花楣饰的黑色大理石门扉设计，与中央多立克柱式互相映照，表现出一种严谨的态度，倘若仔细品味，山花下部的托檐石又融合了巴洛克风格设计，总体给人以严肃又不过于刻板的美感。这些设计手法在考究空间装饰与商业文化勾连的同时，又极具视觉吸引力，体现着古典主义的美学精神。（图4-18）

图 4-18　华安大楼室内环境及细部装饰设计

这一时期，除了西方建筑师推崇古典美学外，逐渐成熟起来的华人建筑师也加入其中，对古典复兴风格室内设计做出完美表达，由庄俊设计的金城银行（1927年）便是一例。银行底层大厅的地面采用方形带倒角的浅色大理石呈45°角斜铺，间置正方形黑色小块大理石，再用黑色大理石沿空间结构收边，这是18世纪欧洲古典建筑大厅常用的铺装手法；厅内周遭采用大理石护壁，方柱柱帽饰有古典风格的三陇板，所有门洞均饰以巴洛克风格框式门扉；顶棚采用白色井格藻井，深色线脚予以强化，次梁设有古典式托座，梁上间有圆花装饰。而中厅楼梯采用古典建筑空间常用的平行双合式布局，方瓶式扶手栏杆，中柱还置有西式花钵，引人瞩目。
整个银行内部装饰均采用意大利进口大理石，与这些古典风格元素交相呼
应，气宇不凡，实现了银行"以壮观瞻"的目的，也体现出建筑师深厚
的古典功底。（图 4-19）

图 4-19　金城银行室内环境（近状）

　　此外，除了商业建筑外，此时兴建的一些住宅建筑也会采用古典复兴
风格进行室内装饰设计，如嘉道理住宅（1924）就是典型代表。此宅的
中央舞厅最负盛名：大厅顶棚为古典风格的穹隆藻井，四壁采用方形柯林
斯巨柱式托起房屋构架，通体用大理石雕刻；而舞厅东西两侧的壁炉框设
计，采用希腊式山楣，加上雕饰精美的巴洛克风格檐壁设计，尽显古典风
格的庄重与华丽，彰显了主人的贵族身份。此外，在 20 世纪二三十年代
的上海，设计师的视野并不会仅限于欧洲古典时期的艺术成就，西方历史
上一些其他经典风格也会出现在室内设计之中。例如 1923 年建成的字林
西报大楼①，其入口门厅是金色马赛克镶贴的十字拱顶棚，加上墙面拱券
式大理石装饰设计，给人以哥特风格的印象，这似乎也暗含着商业哥特的
开创精神。

　　通过上述一些梳理，我们能感受到，西方建筑文化在 20 世纪初深刻
影响着上海室内设计的发展潮流，大量使用大理石雕饰营造稳重的室内氛
围、借用纯正的古典符号彰显文化理念是近代上海古典复兴风格室内设计
的主要特征。这也显示出人们不仅是为了追求奢华、炫耀地位，已经开始

---

　　①　德和洋行设计，位于今中山东一路 17 号。

有意识地通过室内设计传达自己的文化理念。这一方面得益于西方古典文化与上海经济发展之间所产生的意义勾连适应了时代需求，另一方面也进一步说明职业设计师在传播建筑文化、推动室内设计发展中的积极作用。但仍然需要指出的是，就室内设计文化发展来讲，近代上海西式古典复兴风潮虽然不乏精品之作，但由于没有文化根基，是一种"拿来主义"的产物，这使得这股风格潮流始终带有文化符号的印记，也注定了终究会被上海快速发展的消费文化所湮没。

四　外国的地域传统风格

20世纪初，租界内已经出现了特征明确的异域传统风格室内设计，德国总会（1907）就是当时外滩独树一帜的极具乡土特色的地域传统建筑。其一层的酒吧间颇具特色：房间以蓝色为基调，墙面拱券内装饰着柏林和不莱梅的风光壁画，天花板的每一根椽子上都刻着精选出来的德文诗句，室内陈放的毕德迈尔式（Biedermeier Style）桌椅迎合着顶棚的露明装饰，使整个空间带有巴伐利亚时期的乡土气息。而原法国总会（1917年）①的室内设计，其顶棚依照孟莎式屋顶结构采用高敞的弧形设计，结合人字栱柱头和带有 CSF（法国体育俱乐部）纹章的铁艺围栏，充分显示出法式传统风格室内设计的魅力，这种风格非常流行于当时法租界富商豪宅的室内设计中。（图4-20）

图4-20　原法国总会室内环境（现状）

---

① 建于1917年，1921年法国总会在原德国花园总会上修建新会舍（今茂名南路58号），老建筑于1926年改为法国学堂，现为南昌路47号的科学会堂一号楼。

　　到了二三十年代，上海步入城市发展的"黄金时期"，外侨数量猛增，除了人数较多的英国、法国、美国、日本人外，俄国、印度、德国、意大利、西班牙等国的外侨人数也逐年增多，上海已经成为名副其实的国际大都市。这些来自世界各地的淘金者带来了不同地域的传统文化，丰富着近代上海室内设计的风格语言。[①]

　　近代著名犹太富商沙逊（Ellice Victor Sassoon）早已看到了上海的国际性，他在投资兴建沙逊大厦（1929年）时，要求建筑师设计不同风格的室内环境以迎合不同口味的顾客，其华懋饭店的"九国套房"可谓闻名遐迩，是近代上海室内设计地域风格的集大成者。而他在西郊虹桥路兴建的花园别墅"伊甸园"（1932年），则是把英国传统乡村别墅搬到了上海。[②] 这类风格的建筑源起于英国中世纪的乡村住宅，常用构架露明、红砖勒脚的方式处理墙面，但演变到后期，构架和红砖仅起到装饰作用，体现着自然的野趣和怀旧情结。沙逊平日在繁华的租界里忙碌，只有周末才会到郊外休闲，为追求田园般生活，他不惜工本，从英国进口建筑材料，依照英国传统乡村别墅的风格进行设计建造。

　　"伊甸园"建筑为砖木结构，红瓦陡坡顶，墙面刷白，采用构架露明的装饰做法，并且保留斧斫痕迹，乡土韵味非常浓厚。其室内设计也散发着淳朴气息：客厅墙面及顶部结构露明，刷饰深棕色，地面为柚木地板，铺设地毯，家具也为原木制作，稀疏陈放，显示出惬意的情怀；东侧二层挑檐下仅有的三处装饰图案，内容均为自然花草，仿佛是闲暇时顺手之作；西侧壁炉间门洞采用花岗岩框饰，壁炉及墙面用红砖砌筑，清水勾缝，地面棋盘格式的镶嵌图案也采用红砖铺设，整个空间表现出古朴自然的装饰美感。伊甸园别墅粗看清新朴质，但其细部工艺极其考究，室内家具、五金配件均是手工制作，整体造价高达每平方米317元，[③] 这在当时来讲，已经是堪称天价。（图4-21）

　　20世纪初，作为一种历史情怀和对维多利亚后期唯美主义思潮的反应，美国开始流行"西班牙殖民复兴风格"，并随着1915年的旧金山万

---

　　① 据统计，在上海的外国人国籍，最多时曾达到58个国家和地区。参见邹依仁《旧上海人口变迁的研究》，上海人民出版社1980年版，第81页。
　　② 伊甸园又被称为"伊扶司别墅""沙逊别墅"，1932年落成，公和洋行设计，位于今虹桥路2409号。上海西郊在当时尚为农村，四处均是田野，虹桥路是通往市区的唯一公路。
　　③ 上海地方志办公室编著：《上海名建筑志》，上海社会科学院出版社2005年版，第335页。

图 4-21   "伊甸园"室内环境（近状）

国博览会（Panama-Pacific International Exhibition）走向了顶峰，在世界范围产生了一定影响。这种风潮也随着西方老牌资本主义国家的殖民统治来到了上海。

20 世纪 30 年代左右，上海曾一度流行西班牙式建筑风格，并被广泛应用在了这一时期的室内设计之中。历史上，西班牙曾遭受过多种文明的统治，包括早先的希腊人、罗马人、西哥特人和后来的北非穆斯林摩尔人，直到 15 世纪才重回到基督教的世界。特殊的历史给西班牙式建筑带来了多重文明的烙印，并逐渐形成了自身的风格特色：西班牙式建筑色彩明亮，屋顶坡度较缓，擅用曲线造型，注重空间错落和手工肌理的装饰效果（如拉毛工艺），不显张扬，富有平和感。其建筑风格受伊斯兰文化的影响，喜欢用花瓣拱、马蹄形拱、葱形拱、尖拱、螺旋柱、拱形线脚、镶嵌马赛克和富有阿拉伯风格的装饰纹样等。

由于这种风格可以说是转手的式样，在与上海相遇时，自然会产生变异。这种变异主要是将其风格特点做出抽取与简化，以适应不同情况的需求。近代上海的西班牙式建筑，造价相对低廉，又极具装饰色彩，迎合了新兴中产阶级的文化诉求，因而西班牙式风格也得以广泛流行。甚至在一些不甚豪华的公寓建筑中或里弄建筑中，设计师也会采用西班牙式风格的装饰符号作为室内细部装饰设计以迎合潮流。（图 4-22）

此外，需要指出的是，由于近代上海特殊的历史背景，也会出现其他民族传统风格的室内设计，比如日本侵占上海的时候，曾对一些里弄建筑采用日本传统风格进行改造设计，但这些异域传统风格对近代上海室内设

图4-22　近代上海的西班牙式风格室内设计

注：左为海格大楼，右为孙科住宅。

计风格潮流发展的影响相对较弱。（图4-23）

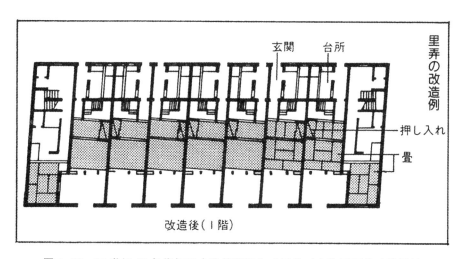

图4-23　20世纪40年代初日本建筑师按和式风格对上海里弄的改造设计

总的来说，异域传统风格出现在近代上海室内设计文化发展舞台上，首先是伴随着殖民者的侵入到来的，初期表现为个人情怀，而发展至近代后期对西班牙风格的追捧，则是人们在经济、技术允许的条件下对文化消费尚新求异的体现。其次，异域传统风格客观上参与了近代上海室内设计发展的文化生态，也因此凸显了近代上海室内设计多元文化共存的特征。

第三节　"摩登"风潮中的现代风格

20世纪二三十年代，上海对新事物的接受能力是相当迅速的，城市各项事业发展进入空前繁荣阶段，基本同步于当时世界上最先进的城市。这一方面是由于一战主战场在欧洲境内，殖民者无暇顾及上海，给上海民族经济崛起带来了契机，也逐渐淡化了欧洲保守的贵族文化在上海的主流地位。而美国在华的经济活动加强，相应的文化领域的影响更为突出。加之战后欧洲经济一蹶不振，各种建筑材料如洪水般倾销于此，客观上刺激了近代上海建筑业的发展。另一方面，中国社会的政治面貌发生了翻天覆地的变化，禁锢中国两千多年的封建观念行将覆灭，人们的思想随着新文化运动的兴起得到彻底解放。此时的上海，作为历史的见证者、参与者，其开放程度与发展锐度空前高涨，城市文化也随之繁荣起来。此外，经济发展带动中产阶级顺势兴起，成为推动消费文化发展的主力军。追求现代、追逐时尚是近代上海中产阶级的文化选择，而紧跟西方潮流则被视为是一种最"摩登"的时尚文化。因此，西方盛行的各种现代建筑文化被积极引入到上海的室内设计之中。

一　新艺术运动风格

19世纪晚期，随着工业化程度不断加深，西方国家陆续步入工业文明时代，机器生产代替手工制作成为推动生产力发展的直接动力。同时，一些有思想的艺术家早已厌倦维多利亚式的娇饰风格和古典主义的肃穆，力图寻求新的艺术语言来体现新时代所需要的人文精神。于是在工业文明背景下，西方建筑师开始了探求新建筑运动，催生了西方建筑史上的浓重一笔——新艺术运动（Art Nouveau）。

说起新艺术运动，不得不提及与它同期稍早的工艺美术运动（Art and Crafts Movement），它们在思想上有着一种顺承发展的关系。工艺美术运动发源于19世纪60年代的英国，是以约翰·拉斯金（John Ruskin，1819—1900）和威廉·莫里斯（William Morris，1834—1896）为代表的带有资产阶级浪漫思想的一场美学运动，也是现代设计史上第一次大规模的设计改良运动。① 工艺美术运动是在西方工业生产泛滥、品质拙劣的背景下产生的。当时一些较为激进的思想家、艺术家、设计师反对粗制滥造的工业产品和古典建筑语言，主张复兴传统手工艺来消除工业生产的弊端，从中世纪艺术中寻求新的设计灵感。这使其带有一定的探索性，同时也显示出先天的保守性和局限性。但无论如何，工艺美术运动试图脱离古典形式的羁绊和对材料、功能、艺术相结合的尝试，对后来的新艺术运动和现代建筑发展都有深远的影响。

　　新艺术运动是欧洲开始真正的改变建筑形式的信号。② 作为一种艺术风格，其特征主要表现在室内设计方面。主张推行"新艺术"的设计师极力反对历史上各种风格，力求使用现代材料和技术（如钢铁、玻璃、电灯等工业制品）解决艺术风格的问题，装饰主题也摆脱了宗教题材与复古符号，比起工艺美术运动更愿意从自然物中寻求灵感，也会在东方艺术中吸取养分，善于运用曲线形式来装饰出带有浪漫色彩的室内空间。

　　源自欧美的新艺术运动风格在 20 世纪初逐渐流行于上海。由于当时复古潮流盛极一时，此种风格并未在室内设计中产生全面的影响，只是多被用于室内空间的局部装饰。其特征主要体现在现代材料（主要是铁和玻璃）与图案设计的相结合上，多见于窗棂、围栏的装饰设计，一些地面拼花或楼梯设计也多有借鉴此种风格的做法。例如在掀起近代上海古典复兴风潮的华俄道胜银行（1902 年）室内设计中，德国建筑师倍高就对当时西方盛行的新艺术运动思想做出反应，在银行三层的窗棂设计和顶棚设计中采用铅条镶嵌彩色玻璃的做法，以植物、花卉为原型设计构图，在古典建筑空间中营造出自然之美。（图 4-24）

　　其实，彩色镶嵌玻璃在近代上海并不算新奇事物，早在 1864 年成立的土山湾美术工场图画部就是近代中国最早生产彩绘玻璃的地方。由于土山湾美术工场最初是由法国教会组织成立，其彩色玻璃制品主要是为宗教建筑服务，内容也是宗教题材。在有了一定知名度后，土山湾美术工场也开始接受社会订单，依业主要求设计制作彩色镶嵌玻璃。土山湾美术工场的镶嵌玻璃制品在当时被视为精良之品，甚至 20 世纪初上海的饭店、总会、商行、高级洋房建筑中均以使用土山湾美术工场的彩色玻璃装饰为

　　① 邬烈炎、袁熙旸：《外国艺术设计史》，辽宁美术出版社 2001 年版，第 155 页。

　　② 同济大学等编著：《外国近现代建筑史》，中国建筑工业出版社 1982 年版，第 38 页。

图 4-24   华俄道胜银行室内窗棂设计（现状）

尚。前文提及的原法国总会（1917 年）大厅中的百花窗玻璃镶嵌画就是
由土山湾美术工场制作的玻璃艺术品，其主题采用藤蔓、花卉和蝴蝶的构
图，似乎透射着法国新艺术运动时期南锡学派（Nancy School）的精神主
张，也散发出法国人的浪漫情怀。而其室内楼梯扶手的形式采用婉转的空
间曲线，也能使人感受到新艺术运动风格的影响。（图 4-25）

图 4-25   原法国总会大厅中新艺术运动风格的窗棂设计（现状）

在 20 世纪初，尤其是在法租界，许多洋行别墅或是里弄住宅中的楼
梯设计均会采用自然构图或曲线造型营造柔美舒适的室内环境，附和着这

一时期上海室内设计风格的潮流，甚至到了 30 年代，这种装饰语言仍然盛行不衰。

　　除了模仿外，一些有思想的设计师还会汲取新艺术运动的理念精华，结合中国传统语境，设计出带有新艺术运动风格特征且具中式韵味的室内环境。例如公和洋行著名建筑师威尔逊（G. L. Wilson）在设计自己的家宅时，其偏厅圆窗窗棂设计充分利用新艺术运动的手法，采用铁艺剪影的形式，以"柳鹤云水"为题材，勾画出一片宁静祥和的意境氛围，这使得整个空间散发着中式气韵，但又不失现代感，充分展现了新艺术运动风格的优雅魅力。再如前文提到的上海图书馆（1935 年）以"飞上枝头"的孔雀为主题的室内铁艺门设计，也是融合新艺术运动风格设计进行中西融合的尝试。而贝氏住宅（1934）①的"龙梯"设计更是别具匠心：楼梯栏板由"双龙戏珠"状的草龙纹雕刻组成，卷曲的造型与婉转的空间结构完美契合，这种带有"海派"特色的设计手法使得原本冰冷的石材雕刻也带有一丝自然的柔美。（图 4-26）

图 4-26　别具匠心的新艺术运动风格室内设计

注：左为威尔逊家宅（20 世纪初），右为贝氏住宅（现状）。

　　此外，新艺术运动风格还影响着这一时期上海的家具设计。在近代上

---

①　建于 1934 年，中国工程公司设计，位于今南阳路 170 号。

海著名家具公司现代家庭（Modern Homes）遗存的珍贵历史图档中，我们就能找到许多借鉴西方新艺术运动风格的家具设计图纸。笔者调研过程中，在一间家具古董店发现了一件老上海的梳妆台，设计师采用曲线环抱造型，整体无一处直线元素，明显借鉴了新艺术运动风格设计理念，但又不失自身特色，这也再次说明新艺术运动风格对近代上海室内设计发展的深刻影响。（图4-27）

图4-27　近代上海带有新艺术运动风格特征的家具设计

　　新艺术运动风格因其追求自然的装饰效果所表达出的浪漫气质，广泛受到设计师和业主的青睐，在近代上海室内设计发展过程中经久不衰。这种风格甚至成为老上海彰显浪漫生活的最佳艺术语言，也真实反映着那个年代人们的审美追求和精神面貌。

　　需要指出的是，19世纪末20世纪初，紧随工艺美术运动产生的新艺术运动在西方设计艺术史上是一次承上启下的设计运动，虽然其实质上还是一种艺术形式的革新，但也是西方工业文明演进过程中对保守的古典文化进行突破性探索的必然过程。而近代上海室内设计广泛使用此种风格语言则是被作为一种时尚的装饰手法，并非是理性探索的结果。所以即便是20世纪10年代后，西方主流设计文化已经开始摒弃这种"陈旧"的艺术语言，但在上海的室内装饰设计中，这种"新异"的浪漫风格依旧有着广泛的市场，这也是商业社会抽取异域文化脉络中的某种符号语言作为消费文化的体现。

二　现代主义风格

19世纪末20世纪初，西方开展的工艺美术运动和新艺术运动实质上都没能从根本上解决工业社会存在的诸多问题，加上欧战带来的创伤，更使得社会矛盾加剧。一些激进的建筑师、设计师、艺术家开始完全抛弃历史主义与折中主义，以无比的创造激情开展了现代设计探索，希望通过革命式的设计来改良社会现状，从而产生了20世纪上半叶西方设计史上最重要的革新运动——现代设计运动。

现代主义建筑是现代设计运动的重要代表，萌发于20世纪初，与当时欧洲蓬勃发展的一系列艺术运动不无关联（如未来主义、风格派、构成主义，甚至是工艺美术运动和新艺术运动等），并以包豪斯设计学院（Bauhaus，1919—1933）的成立作为现代主义建筑发展至高潮的代表。其影响之广，达世界范围，影响之深，至20世纪末，毫无疑问地可以说，现代主义建筑在人类建筑史上具有划时代的意义。我们很难用一个完整的定义对现代主义建筑加以阐释，诸多现代主义大师的设计思想其实也并不完全一致。但通过他们的作品，我们也能体味出一些共同的理念：如以功能作为建筑设计的出发点，充分利用新材料和新技术，强调形式与内容（功能、材料、工艺、结构）的一致，极力反对复古的装饰语言，提倡简洁与经济，在具体设计上更加注重空间表达等。现代主义建筑不仅在形式上力求革新，并且致力于改善人们的生活方式，各种传统元素被一并抛弃，塑造工业时代下的新美学是其努力实现的目标。

20世纪20年代的上海，新技术、新材料在建筑领域已经基本普及开来，一些公共建筑的某些内部空间趋于简洁，并不会进行过多装饰，而是更加重视空间使用功能，已经带有现代主义的特点。到了20年代末，一些住宅设计开始主动选择现代主义风格，如建于1928年的丽波花园[①]就是

---

① 赉安洋行设计，位于今吴兴路87号。

一座现代风格的住宅建筑，其室内设计以功能为主，追求光线明朗，墙面基本不做装饰处理，家具陈设依功能摆放，形式也为简洁的现代式样。这种强调功能合理、装饰简洁的设计风格还被广泛应用于当时的公寓建筑和餐饮娱乐空间中。（图4-28）

图4-28　丽波花园室内环境设计

　　著名华人建筑师奚福泉在推进近代上海现代主义建筑发展方面有着突出表现，前文提及的虹桥疗养院（1934年）是其重要代表作品。他在设计虹桥疗养院时，充分考虑了功能的特殊需求，采用科学的理念进行室内环境设计，自竣工起广受好评，并被当时的人们视为上海最现代化的建筑作品。位于老上海白赛仲路（今复兴西路）的一幢花园洋房（1936年）也出自奚福泉之手。虽然住宅基址狭长，不易处理，但建筑师从功能出发，沿纵向将室内空间依序排布，进行干湿分离、动静分离，并充分考虑了人的动线习惯和室内空间的功能属性，结合简洁的家具陈设营造出功能完备、舒适有度的室内空间环境。此宅的书房设计可谓一大亮点：书房位于住宅后部，紧邻花园，采用开放式空间设计，周围环以植物花草，应和着花园景致，再陈设一把克拉米家具（即钢管家具），清幽之间散发着现代气息，不失为现代主义风格室内设计的优秀作品。（图4-29）

　　近代上海修建的一些现代风格花园住宅中，结合业主的特殊背景，依据个人需求进行内部空间编排，注重空间功能的连贯性与合理性，使用现代材料和现代装饰语言进行室内设计，同样是现代主义风格在室内设计中的应用，吴同文住宅（1937年）便是一例。吴氏家族是旧上海的名门，奉行传统的家族制度，邬达克在设计吴宅时，有意识将住宅的中心位置设

图 4-29　老上海白赛仲路住宅底层平面图及室内环境

计为家堂，采取对用人活动空间回避的办法，并运用现代设计手法进行室内装饰设计，获得了巨大成功。这幢住宅不仅反映出中国传统生活文化对室内设计的影响，也体现了现代主义以功能为本的设计思想，是传统与现代在更深层次交融后的结果。

　　此外，近代上海诸多现代主义风格案例中，个别建筑师也会借鉴"有机建筑"的设计理念，如建于1948年的姚家花园[①]就是一例。姚家花园住宅建筑空间布局灵活，平面采用不同的标高设计，内部空间穿插错落，极为巧妙。一层会客室采用大片落地玻璃窗，使内外景致交相呼应，加上墙面装饰着毛石贴面，似有室内室外融于一体的感觉。这种独特的空间体验是近代上海现代主义风格室内设计作品中少有的典型之作。（图4-30）

　　20世纪30年代以来，随着华人建筑师、设计师的思想逐渐成熟，人

---

　　① 协泰洋行汪敏新、汪明勇设计，隆茂营造厂承建，位于今虹桥路1921号西郊宾馆内。

图 4-30　姚有德住宅（近状）

们开始对西方现代主义思潮进行一系列的理论研讨，例如 1929 年陈之佛①
在上海《东方杂志》（26 卷 18 号）上发表了《现代表现派之美术工艺》
一文，介绍欧洲当时流行的现代设计运动，文中讲到了德国建筑师 Fritz
August Breuhaus（1883-1960）等人的建筑作品，说其作品简净、真实，
是"无刹那间的虚饰之美，确有愈嚼愈妙的深味"。近现代装饰艺术大师
张光宇②在 1932 年编著的《近代工艺美术》一书中，专设"室内装饰"
一章，详细介绍现代板材工艺，并配备大量图片以图文方式介绍欧美现代
室内设计和现代家具设计。1934 年 2 卷 2 期的《中国建筑》中，卢毓骏
翻译了柯布西耶 1930 年在俄国真理学院的演讲稿《建筑的新曙光》，道

　　① 陈之佛，1918 年赴日本东京美术学校工艺图案科学习，是第一个到日本学工艺的公派美
术留学生；28 岁学成归国，曾受聘上海东方艺专图案科主任，设计过《东方杂志》等出版物，还
曾在上海创办过尚美图案馆。

　　② 张光宇（1900—1965），原名张登瀛。1918 年在上海生生美术公司当助理编辑；1921 年
在南洋烟草公司广告部担任绘画员；1927 年到英美烟草公司广告部美术室工作；1934 年创办上
海时代图书公司，任经理、编辑及插画师；1948 年任香港人间画会会长；1950 年初回到北京，
在中央工艺美术学院从事教育工作。《近代工艺美术》系（上海）中国美术刊行社出版。

出柯布西耶主张科学、社会、经济是现代建筑设计的基础。1936 年第 1 期的《新建筑》（武汉）中，欧阳祐祺发表了《现代之荷兰建筑》一文，指出现代建筑"是以实际的需要做基础，一切的伪饰已无存在的价值"，同时也说明了荷兰"建筑革命的主因是近代绘画（主要是指风格派艺术）所给予的影响"；同期，赵平原的文章《纯粹主义者 Le Corbusier 之介绍》，较为详细介绍了柯布西耶的建筑作品及其美学源流，总结了柯布西耶对于现代建筑的五项主张："1. 角柱；2. 屋顶花园；3. 自由的平面形成；4. 长窗；5. 表面之自由形成"。再如，1936 年第 26 期的《中国建筑》中，陆谦受与吴景奇联名发文《我们的主张》，认为"一件成功的建筑作品，第一，不能离开实用的需要；第二，不能离开时代的背景；第三，不能离开美术的原理；第四，不能离开文化的精神"。通过他们的表述，我们能够看出近代上海本土建筑师的现代主义思想。与上述相类似的学术讨论或建议主张在 30 年代后上海的各种期刊报章中层出不穷，也从侧面反映出现代主义思想对近代上海建筑设计、室内设计的影响。

　　其实，近代上海也不乏本土建筑师直接接触过西方现代主义的建筑师和建筑教育家。如前文提到的著名建筑师奚福泉就曾在德国获得建筑工学博士学位，他在求学期间，正值德国现代主义运动高涨时期，而他设计的虹桥疗养院（1934 年）也是近代上海现代主义建筑的重要代表。圣约翰大学建筑系[①]系主任黄作燊（1915—1975）曾于 1939 年在美国哈佛大学设计研究院师从现代主义大师格罗皮乌斯，并是其第一位中国学生。学成归国后，他把包豪斯的教育理念引入中国（上海），培养了一大批年轻学子。即便如此，仍需要指出的是，近代上海虽然诸多学者、设计师对现代主义有过深入的研究探讨，也不乏相关作品。但由于社会背景与历史环境不同，其产生的根源、目的和结果也不尽相同。不像西方建筑师所主张的那样——将现代主义视为解决社会矛盾和适应工业发展的必然选择。当时上海正处于民族情绪高涨、经济快速发展阶段，社会矛盾被灯红酒绿的繁荣虚像所蒙蔽，工业文明也远不及欧美发达。所以近代上海的现代主义风格始终还是被作为一种"摩登"的式样加以引进，所谓近代上海的"现

---

　　①　成立于 1942 年，开创了中国现代主义建筑教育的先河，是我国现代主义建筑的摇篮，于 1951 年并入同济大学。

代主义"，很大程度上仅仅是风格的"现代主义"。① 活跃在上海的近代建筑师们还没有从社会根源和美学本源上去探求、践行现代主义的精髓，它便随着 30 年代末中国大地上接连不断的战争逐渐淡出人们的视野。

三　装饰艺术派风格

20 世纪 20 年代末，基本上与欧美同步，上海掀起一股装饰艺术派（Art Deco）风潮，并随即成为"摩登"风格的代表，被广泛应用于室内设计之中，甚至可以说，是装饰艺术派勾勒出 30 年代上海城市风貌的主要画面。②

装饰艺术是在 20 世纪 20 年代流行于法国的一种设计风格，并随着 1925 年巴黎国际现代化工业装饰艺术博览会（Exposition Internationale des Art Déoratifs et Industriels Modernes）走向世界，尤以在英、法、美三国的发展最具代表性。装饰艺术几乎与现代主义发展同步进行，也受到新艺术运动和现代主义运动很大的影响，只是从装饰动机和表现形式上与二者有着本质区别：装饰艺术派风格的室内设计继承了工业时代下的机械美学，几何构图、曲折的直线、放射状的线条、层层收进的阶梯状态势和强烈的色彩是其常用的形式手法，而铝、黑漆、玻璃则被视为与现代科技相关联的材质语言，电灯通常被隐藏起来形成间接照明用以营造现代感的室内环境和防止眩光。希利尔（Bevis Hillier）在 Art Deco Style 一书中写道："（装饰艺术风格）从各种源泉中获取了灵感，包括新艺术较为严谨的方面、立体主义和俄国芭蕾、美洲印第安艺术以及包豪斯。与新古典一样，它是一种规范化的风格，不同于洛可可和新艺术。它趋于几何又不强调对称，趋于直线又不囿于直线，并满足机器生产和塑料、钢筋混凝土、玻璃一类新材料的要求。它最终的目标，是通过使艺术家们掌握手工艺和使设计适应于批量生产的需要，来结束艺术与工业之间旧有的冲突和艺术家与手工艺人之间旧有的势利差别。"③ 这段话直白地表明装饰艺术派的艺术源泉和艺术追求。

① 郑时龄：《上海近代建筑风格》，上海教育出版社 1999 年版，第 259 页。

② 据相关统计，在近代遗留的建筑中，装饰艺术派风格的公共建筑占上海市级优秀近代保护建筑的 70% 左右。参见钱宗灏《上海，Art Deco 的传入和流行》，第四届中国建筑史学国际研讨会论文集，2007 年 6 月，第 187 页。

③ 邬烈炎、袁熙旸：《外国艺术设计史》，辽宁美术出版社 2001 年版，第 236 页。

　　早在 20 世纪 20 年代初，位于法租界的霞飞路（今淮海中路）上就已经出现了装饰艺术派风格的商业橱窗和店面设计，而像公和洋行威尔逊主持的汇丰银行大楼（1923 年）这样经典的古典主义建筑室内设计中，也能找到装饰艺术派的影子；并且威尔逊在主持汇中饭店室内改造时（1923 年），同样尝试将装饰艺术派风格融入其中，并取得了良好效果。但当时这种风格尚未广泛流行开来，随着外滩另外一幢同由威尔逊设计的重要公共建筑沙逊大厦（1929 年）的落成，标志着上海的装饰艺术派风格进入高潮阶段。

　　沙逊大厦的室内公共空间设计充分体现了装饰艺术派风格的特点。其一层的八角亭是大厦底层的高潮部分：穹顶采用双层钢构玻璃成均等的几何构图，下部有折线装饰，四周局部饰有灵缇犬族徽纹样；穹顶下的檐口出挑较深，有连续的六边形几何纹样装饰，托座也采用曲折的线条和倒棱锥予以强化；墙身与柱体也是用横竖直线条加以装饰。总的来看，沙逊大厦公共空间在材料选择、色彩搭配、图案风格上竭力强化出直线条的装饰效果，体现出强烈的几何美感和高贵格调，引领着近代上海"摩登"风格的潮流指向。（图 4-31）

图 4-31　沙逊大厦首层八角厅穹顶设计（现状）

　　装饰艺术派风格显然受到了人们的普遍欢迎，也影响着市场的选择。曾深谙古典建筑语汇的建筑师邬达克在 1929 底进行浙江大戏院室内设计时，一改往日复古的装饰语言，采用线条强化出几何空间的装饰感，迎合着这一时期的装饰艺术派风潮。而在随后兴建的一些诸如四行储蓄会虹口分行（1932年，庄俊设计）、百乐门舞厅（1932年，杨锡镠设计）、上海恒利银行（1933年，赵琛设计）、中国银行虹口分行（1933年，陆谦受、吴景奇设计）、大上海大戏院（1933年，华盖建筑事务所设计）、大光明大戏院（1933年，邬达克设计）、国际饭店（1934年，邬达克设计）、新亚大酒店（1934年，五和洋行设计）、美琪大戏院（1941年，范文照设计）等众多知名的公共建筑均摆脱复古的装饰语言，明确采用装饰艺术派风格进行室内设计。（图4-32）

图4-32　浙江大戏院（左）与新亚大酒店（右）室内设计

百乐门舞厅的室内设计就是近代上海装饰艺术派风潮中的典型代表。舞厅门厅的墙壁嵌有竖向灯箱，楼梯上方亦有长方形灯箱，以灯光的形式强化出直线条的装饰效果，虽面积不大，但颇具现代感；二楼休息室墙面及顶部同样使用简洁的线条进行装饰，配合着休息室内的现代家具，散发出简洁、时尚的气息。百乐门舞厅室内装饰多用钢精（铝合金）、玻璃等材质塑造出简洁的线条感，凸显了舞厅的"摩登"气质。（图2-56）

大光明大戏院同样也是近代上海装饰艺术派风格的经典之作。其进厅的室内设计颇具特色：两侧直行双跑楼梯栏板设计采用曲线造型，并用黑色大理石压顶进一步凸显其曲线美感，栏板上又采用铜质扶手，而进厅顶部用金黄色涂覆，华灯点亮，整个大厅光彩夺目，给人一种梦幻的"摩登"感受。一层休息厅的顶棚设计更是精彩：吊顶采用三层光学玻璃，配以铜质边框，灯光洗射，现代感实足。大光明大戏院室内设计的形式和材料都极力展现现代感，凭借着风格鲜明的时尚外表和高品质服务，成为近代上海"摩登"男女趋之若鹜的时尚场所。当时的青年男女去大光明不仅是为了消闲时光，甚至成为了一种身份的象征，大光明也因此成为老上海"摩登生活"的空间符号，甚至是文化地标，由此也能看出装饰艺术派风格对近代上海城市文化发展的影响。直至近代后期，在外滩兴建的最后一幢重要建筑——交通银行大楼（1948年，鸿达洋行设计）室内设计中，设计师利用瓷砖、紫铜、大理石等材质，强化出几何线条的装饰感，也是在附和着装饰艺术派风格潮流。（图4-33）

图4-33　大光明大戏院（左）和交通银行（右）室内环境（现状）

这一时期，除了公共建筑室内设计采用装饰艺术派风格外，一些住宅室内设计同样也会使用这种风格。例如钟熀设计的上海某宅，其客厅平顶及墙面为金黄色，顶部周围用三层黑色直线条装饰，内藏灯带，踢脚刷红漆，强化出线条的装饰感；餐厅与客厅错层相接，采用简洁的黑漆柱子结合几何图案的铁艺矮门作为隔断，通透又兼有美饰效果；室内家具为亮光黑漆镶饰银色铝条，配以玻璃、金丝绒，整个空间体现着现代的华丽质感。而卧室设计则与客厅不同，其平顶嵌有5个大小不等的圆形灯槽，罩以淡蓝色彩玻，灯光柔和清爽；墙面刷饰银灰色，又以蓝灰色涂刷出线条的层次效果；家具用灰色底版镶深蓝色线条，局部使用精钢、玻璃等光洁材质营造出时代感；地面满铺地毯，花式也为简洁的构成图案。此宅的室内设计完全比照当时欧美流行的装饰艺术派风格，充分展现了设计师对潮流的理解和风格把控能力。（图4-34）

图 4-34　钟熀设计的装饰艺术派风格室内环境

钟熀是活跃在近代上海知名的室内设计师，他曾留学法国学习建筑装饰设计，20 世纪 30 年代初在上海开设艺林建筑装饰公司从事室内装饰与装潢设计。作为近代上海少有的专业从事室内设计的知名华人设计师，除了在专业期刊发表文章外，还在近代上海广为流传的文娱杂志上刊登自己的"摩登"住宅作品，不遗余力地推动着装饰艺术派风潮的发展。（图 4-35）

图 4-35　《良友》杂志刊登钟熀的"摩登"室内设计

近代上海的装饰艺术风格不仅运用在建筑设计、室内设计之中，在平面设计、家具设计、纺织品设计等领域也有所建树。它之所以能够广泛流行开来，首先是因为这种风格的产生本身就是为了满足工业化生产和工业时代审美的新需求，带有很强的适应性特点，也能与快速发展的城市文化迅速契合。其次，装饰艺术派风格的盛行与上海的消费文化发展有着密切关联——作为一种当时在欧美来说也是时尚的设计语言，自然会被当作一种"摩登"符号引入商业发达、门风开放的上海。再次，装饰艺术派很好地契合了时代精神：它既不像古典主义那样严肃老套，又不像现代主义表现的那样冷漠；既能带动人们的审美激情，又能充分利用工业化生产的优势；既可以凸显个性，又可以简洁有度。这种带有人情化的性格充分适应了人们对"摩登"潮流的追求，也使装饰艺术派成为近代上海室内设计风格语言中最受大众追捧的潮流文化。

第四节　"中西合璧"的海派风格

近代上海作为我国"西风东渐"的窗口，无论是它的文化内涵，还是外部环境，都有足够的先机使其成为中西文化碰撞交融的前沿阵地。作为文化的一种表象，艺术风格始终折射着人们思想观念和文化潮流的演变。"碰撞—交融—发展"，近代上海的这条文化演进主线映射在室内设计领域，则是风格语言的"共存—拼合—融合创新"的过程，这也是海派风格发生、发展的过程。

一　从"器物共存"到"中西合璧"

开埠前，上海街头已经有售卖洋货的商铺了，由于数量有限且价格不菲，属于富人才有能力享用的奢侈品，普通百姓虽知洋货奇巧，但一般无人问津。当英国第一任领事巴富尔坐着"水怪号"轮船于1843年某日来到上海准备开埠时，这只船上装满了西洋家具和食品。之后，他们一行人在上海租住的房屋曾一度成为全城瞩目的地方，人们对西式生活充满了极大兴趣，甚至像去博物馆参观一样。殖民者带来的各式各样的西洋器物，令这里的人们目不暇接、眼界大开，这也许是上海人首次亲眼见到西方生活模式和中国房子里陈设着西洋家具的室内环境。而对于当时的这些殖民者来讲，即便他们租住的房子宽敞华丽，但因为室内没有壁炉，总觉得是件麻烦事。① 后来，当这些殖民者准备定居时，便开始指使中国工匠用本地建筑材料按照自己的习惯建造、装饰房屋，建筑文化的"中西交往"就是在这种背景下开始的。

到了19世纪70年代，随着制造成本和运输成本的降低，加上西方商人的市场拓展，洋货在人们日常生活中逐渐流行开来。从这一时期《申报》刊登的广告便能窥探一二，在1876年《申报》全年的广告中，出售洋货的广告占据了相当比例，其中又以大众日用品为主，包括布匹、绒毯、洋灯、钟表、洋画镜、大小八音琴、洋伞和各种西洋食品等。② 可见这时人们家中的西洋陈设品越来越多，西方生活文化开始逐步进入华人家庭，这种环境上"器物共存"是海派风格室内设计形成前的初始形态。（图4-36）

图4-36　华人生活中的西洋器物

注：照片摄于19世纪末，显示出当时华人生活环境中常有洋画镜、托耐特椅、梳妆镜等陈设品，说明西洋器物在当时华人生活中已经不是什么新鲜事物了。

19世纪末，随着买办阶层逐渐兴起，中西室内设计风格开始有了更多的交融机会。近代上海的买办阶层较早与西方殖民经济发生关系，并且接触交往也最为频繁。他们一方面保守着根深蒂固的传统文化，另一方面又深受西方文化的熏染，是一种双重文化的产物。所以他们家宅的室内设计是早期中西融合的代表，例如在买办韦禄泉家的厅堂设计中，空间布局

---

① ［美］霍塞：《出卖的上海滩》，纪明译，商务印书馆1962年版，第6页。

② 参见王立《论1876年的上海社会物质生活——以〈申报〉广告为中心的考察》，《湛江师范学院学报》2012年第10期。

与家具陈设均为中式传统风格，但墙面却在腰线和檐部刻意做出装饰纹样，使得整个空间显得"不中不西"。同样在买办唐仲良的家中，其客厅墙面分三段装饰，壁纸却贴于檐壁部位，这种做法明显是按照西式风格的装饰套路，但却又不同于西式装修惯于将壁纸贴在墙身位置的做法。其目的是为了凸显墙面上的中式挂屏，又希望与西式风格有所呼应，这使得整个空间展现出"不中不西"的特点。这种风格随意的装饰设计反映出买办阶层矛盾的文化心理，但却有意无意地使他们扮演着文化交融的桥梁作用，推动着海派风格室内设计的萌生。（图4-37）

图4-37　19世纪末买办家宅的室内设计

注：左图为美时洋行买办韦禄泉家宅室内设计，右图为天祥洋行买办唐仲良家宅室内设计。从这两张历史照片我们能明显看出中式风格和西式装修相结合的做法，这种做法在当时来讲十分普遍，这也是海派风格室内设计初始阶段的特征。

这种"中西一体"的设计现象一方面是为了迎合业主的口味，另一方面，这种设计也多为营造商或木器行顺手之作——他们熟知传统技艺，在开埠初期为西人修造房屋时又学习了一些西式装修方法，在实践过程中掌握了一定的西式风格设计技巧，所以只要有需求，便能快速实施。这种做法虽然不是理性的探索，但在某种程度上也促进了中西室内设计文化的进一步交融。

进入20世纪，随着城市经济发展，上海建筑业步入鼎盛时期，人们对于建筑装饰设计有了更多的审美追求。加上此时上海洋风盛行，那些掌握西式技法的匠师依据市场需求，逐渐开始有意识地迎合潮流做出具有自身特色的建筑装饰设计。

在这一时期兴起的住宅建筑中就出现了许多"不中不西、亦中亦西"的室内装饰元素。例如凌氏民宅（1918年）的室内屏门设计采用上部窗棂下部裙板的中式传统构图，但窗棂设计又结合简洁的现代纹样和彩色玻璃，裙板也借鉴了西式板门的做法，形成了"中西合璧"后的独特风格。同时期建造的陈桂春宅（1917年），其中院四周的挂落、围栏、门窗雕刻等小木作整体来看是中式传统风格，但廊柱中部的局部装饰又带有西式箍柱和科林斯式柱头纹样，中西风格融合得恰到好处。而前、后房明间的墨绿色釉面砖墙裙装饰和地面的西式瓷砖地板，厢房、次间等处的西式板门和西式天花，以及室内的壁炉设计、卫生设备等，使得这座以中式风格为主的住宅室内设计充分融合了西方装饰语言和当时的先进技术，已经表现出典型的海派风格特征。（图4-38）

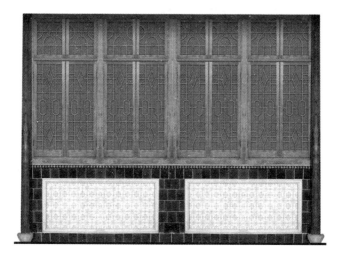

图4-38　陈桂春宅的海派风格墙面装饰设计

　　20世纪二三十年代，随着设计师的广泛参与，"中西合璧"的风格融合逐渐成为一种流行的设计手法。例如维厚里（1919年）一扇西式板门的门心板上就雕刻着中式传统纹样，周围又以西式线脚加以框饰。而景安里（1921年）的西式板门整体构图属于哥特式风格，但其中的纹饰却又暗含了中国传统建筑装饰常用的暗八仙和寿字纹，整体雕刻繁复细腻，别具一格。又如康定花园（1923年）的室内设计，整体上属于法式古典风格，但其室内门扉设计既借鉴了装饰艺术派风格，又似有巴洛克的意味，腰窗部位还融合了中式窗棂的设计手法，其室内窗扉设计也是在西式窗框中巧妙地融合了中式拐子龙纹样。这种大胆的"创新"已经是有意识的依据需求设计风格统一、富有变化的室内环境。并且这种做法精到细致，不失美感，于细节上营造出别样的空间气质，实为海派设计的代表。再如贝宅（1934年）侧门的门洞设计，整体借鉴了装饰艺术派风格，但设计师又巧妙地将中式拐子龙纹融入其中，使得整个门饰散发出一种东情西韵的感觉，同时又极具现代感。而在贝宅旁边的一座老洋房中，其室内楼梯的中心柱设计采用中式风格的宝顶柱头，柱身又雕有带有新艺术风格的藤蔓纹，整个柱子的比例张弛有度，装饰风格"不中不西"，散发出别样的气质。这类例子在20世纪二三十年代华人修建的住宅建筑中屡见不鲜，而这种匠心独具的装饰设计也充分体现出"海派"文化的特色：兼容务实、和谐求新。（图4-39）

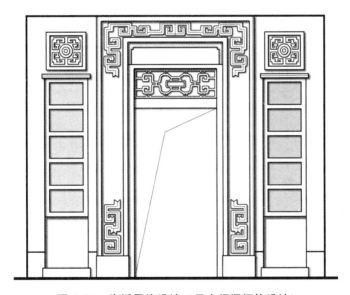

图4-39　海派风格设计（贝宅门洞框饰设计）

此外，近代上海也不乏西方设计师进行风格融合的尝试。威尔逊设计的汇丰银行（1923年）华人厅就是一例，大厅由六根方形大理石柱支撑结构梁，柱头和梁架饰有中国传统的装饰纹样，梁柱联接处的托座也是刻意设计成雀替的造型，整个空间装饰虽借用中式符号，但并非是传统做法，营造出了"似中似西"的感觉。而在威尔逊设计沙逊大厦（1929年）九霄厅时，其室内壁柱采用二龙戏珠装饰纹样，梁枋的枋心彩画又使用民居建筑常用的暗八仙题材，餐厅的家具设计也是中西融合，整个空间大量使用中式装饰元素，但并未按传统章法行事，却也营造了一片素雅的氛围，体现出了海派设计的特点。需要指出的是，西人设计"中西融合"的室内环境，是以西方的思路来考察中国传统建筑的特征，并将其符号化加以运用，并非对中国传统建筑文化的延续。但因其是有意营造出和谐舒适的环境氛围，表现出来的环境品质也是"不中不西、亦中亦西"，因而也呈现出海派风格室内设计的特点。（如图2-33、图2-52）

由上述一些海派风格室内设计所表现出的特征，我们能够看出，海派风格是在技术演进、文化开放的基础上产生的，主要体现为一种装饰手法的刻意创新，但并非是简单的中西风格的拼合，而是在逐渐发展过程中慢慢的交融合璧、各取所长，最终形成一种独具气韵的风格特色，这些特征尤其在近代上海家具设计领域取得了更具影响的成就。

二　海派风格的代表——海派家具[①]

海派家具的文化基因

海派家具深受我国传统家具的影响，主要体现在气韵与工艺的因袭、继承上。成熟于封建社会末期的中国传统家具，以其辉煌成就影响着后世家具设计的发展，是世界家具艺林中一朵久开不败之花，而对海派家具影响至深的，主要是明清时期的苏式家具和广式家具。

苏式家具亦称苏做，发源于以苏州为中心的江南地区，是明式家具的典型代表。其最大的创新，莫过于改变了几千年来中国传统家具一贯采用的漆饰加工的制作方法，运用木材自身的高雅材质、天然纹理和光润色泽，使家具产生了一种崭新的意蕴、品味和独特的审美价值。[②] 同时苏式家具也进一步完善了传统小木作的细木工艺，是"材"与"美"、"工"与"巧"、"意"与"情"的结合。上海地处江浙腹地，素有来自苏、浙、皖的工匠到此制作木器，可以说苏式家具是海派家具之源。广式家具源于广州，是清代家具的重要代表。由于广州便利的地理位置，可从海外进口大量的优质硬木和装饰材料，所以广式家具较苏式家具用材更为充裕大胆，比清秀的苏式家具更显厚重、富美，加之异域文化的影响，使得广式

---

① 本书所指的海派家具广义上泛指近代上海地区流行、生产的受西方家具文化影响的民用硬木家具，也称为上海老家具。

② 濮安国：《明清苏式家具》，湖南美术出版社2009年版，第4页。

家具较早结合了西方古典家具式样，形成了中西融合的独特风格。广式家具极善装饰，除繁复的雕饰外，常用大理石、玉石、螺钿等材料进行镶嵌，广式家具"卖石"和"卖花"也因此得名。[①] 17 世纪中叶，我国处在盛世阶段，由统治阶级引领的整个社会掀起了追求奢靡豪华的风潮，这个时期成熟起来的广式家具，以其丰硕圆润的造型和繁复细腻的雕饰深受清廷赏识，遂成为一种影响全国的家具风格。近代以来，广州的商贸地位逐渐被上海所取代，大批原籍广州的买办商人、航运人员、手工业者抵沪谋生，使广式家具在上海有了更为广泛的影响，成为推动海派家具发展的另一支流。

海派家具之所以形成独特的艺术风格，其另一个原因则是所处的时代背景。近代上海，"五方杂处"的社会结构带来了不同的文化理念，加之旧上海实属我国正统文化领域的一块"飞地"，为不同文化间的交流融合、相互汲取提供了条件，也为海派家具突破传统提供了广阔的文化空间和发展机遇。

18 世纪晚期，工业革命助力西方资本主义发展，欧洲逐渐成为世界经济中心，经济繁荣带动了欧洲家具业的兴盛，出现了像齐宾泰尔（Thomas Chippendale，1718—1779）、赫普尔怀特（George Hepplewhite，1727—1786）、谢拉顿（Thomas Sheraton，1751—1806）等一大批家具制作大师，也有许多专业著作相继出版。由于这些大师的不断追求和不懈努力，使西方家具设计逐渐成长为一门独立的艺术形式，这种观念伴随着"西风东渐"涌入上海，成为促进海派家具走向成熟的重要影响因素。

表面看来，海派家具和广式家具在成因途径上有相似之处，都是中西融合的典范，但又不完全一样，主要体现在社会背景和发展方向的不同。清朝中期，中国的经济、文化尚在高度繁荣阶段，即便当时社会对西洋文化颇感兴趣，但还是处于一种审慎的态度。这时期成熟起来的广式家具对西方家具并非单纯的模仿复制，是一种有选择的借鉴，主体还是传统理念，只是细部融合了西方式样，如西番莲纹的运用和羊足设计等。需要说明的是，虽然广州也生产纯正或稍加改式的西式家具（以出口为主，由十三行垄断），只能说是广州产西式家具，并非广式家具。可以说，广式家具的中西融合，是"中里融西、以西富中"。而上海则不同，开埠以后，

---

① 蔡易安：《清代广式家具》，上海书店出版社 2001 年版，第 75 页。

西方文化强势来袭，给本就处于正统文化边缘的上海带来了强大冲击，在重商、重利思想下形成的价值观念，必然会采取一种"拿来主义"，这种思想反映在家具设计上，首先体现在装饰纹样的变化。中国传统家具的纹饰源自人们对美好生活的祝愿和向往，多有吉祥隐喻，是借物怡情；而西方古典家具的纹饰强调对宗教皇权的体现，富有理性，注重写实。早期的海派家具对这两种纹饰的选择本着"合适就用"的态度，并没有过多的思考。其次，西方家具特有的制作工艺也会被海派家具吸收利用，如薄皮镶拼技术、虫胶漆（Polish，俗称泡力水）和硝基漆（Lacquer，俗称腊克）涂饰工艺、软包工艺、机械加工等。然而，若是一味地模仿抄袭，不会形成自身特色，终将失去鉴赏与留存的空间。在竞争意识浓厚的近代上海，各种家具为适应生活模式的演变和市场需求被一步步改良，最终致使海派家具形成"有中有西、亦中亦西、不中不西"的风格特点。可以说，海派家具主要是融合、渗透了西方家具文化并在本土化过程中有所创新的一种独特式样。

多样的家具款式

历史上，每次家具形式的革新，都是伴随生活方式改变开始的，如唐宋时期，人们改变了以往"低坐"的生活习惯，"垂足高坐"蔚然成风，进而引发了我国古代家具的开创性变革。近代上海，租界里形形色色的新事物、丰富多彩的新生活使国人有机会目睹西方生活文化，"以洋为尚"的思想潜移默化地改变着人们的传统生活方式，朝着多样化、现代化发展。

千百年来，不分中西，家具的使用无非就是要满足人类对坐、卧、躺、储、用的需求。中国传统家具的种类演进至明清时期，主要以椅凳类（如太师椅、官帽椅、杌凳、坐墩等）、几案类（如茶几、花几、书桌、条案等）、橱柜类（如衣橱、书柜等）、床榻类（如架子床、拔步床、平榻、弥勒榻等）、屏架类（如座屏、围屏、衣架、盆架等）来划分。而海派家具受西方文化、现实生活的影响，产生了更为丰富的品种样式。例如，为适应商业办公环境所出现的办公桌、写字台、转椅、文件柜等，为适应现代家居生活而改良的大衣柜、角柜、五斗橱、穿衣镜、衣帽架、陈列柜、独挺桌等，为适应市场需求和审美流变所设计的套装家具等。此外，软体家具（如沙发、软包椅等）和片子床可谓是近代海派家具的重要代表，它们的出现，革新了人们传统的生活方式。

中国传统坐具的座面一般使用木质、竹质或藤编，也有镶嵌石材的，虽做工精美、尺度宜人，但总体来说，都不如软体家具给人以柔软舒适的触感。这种源自西方的坐具深深地改变了人们的起居生活状态，成为时尚、舒适的代表，也是现代生活的必需品。片子床则是随着人们居住条件和生活理念的转变，结合西方床具样式发展而来的。以往南方传统床具主要可分为配以幔帐的架子床和拔步床两大类。一方面是由于中国传统建筑室内空间相对高敞，用架子床可以起到空间再分、私密保暖的作用；另一方面是基于蚊虫较多的自然环境，围闭的空间有助于安寝；而从更深层面来看，架子床三面围合决定了中国床具只能是单边上的方式，这使卧床也分内外，体现着"尊卑有别"的封建伦理观念。而近代上海，无论是人们的生存环境、建筑形态，还是价值观念、生活理念均在发生着根本改变，人们的思想更加开放，需求更加多样。片子床一改传统卧床"屋中有屋"的空间形态，更能适应日益现代的室内空间，成为开放精神的象征。并且双边上的优势改善了传统床具只能单边上的局限，象征了破旧立新的时代追求。海派片子床打破传统价值观念，以其多变的式样、简易的结构、低廉的造价，深受大众欢迎，甚至沿用至今。（图4-40）

图4-40　海派片子床

海派家具的材料语言

我国传统家具以硬木为主，用材十分广泛，就来源来说，既有国产良才，又有进口原木，常用的主要包括紫檀木、黄花梨、红木（酸枝木）、花梨木、铁力木、鸡翅木、楠木、樟木、榆木、榉木等，这些木材纹美质坚，工匠会根据不同需求来选用，辅料种类亦是多样，有大理石、宝石、象牙、螺钿、陶瓷、藤编等，主要用于嵌饰或座面。中国有着千百年的木作历史，经历代匠师沿承发展，形成了我国特有的、系统的细木工艺。因此，中国传统家具制作主要靠精湛的手工技艺和精妙的木构设计，虽有铜质把手、合页、包角等金属实用饰件，但木结构本身并不使用铁钉等金属固件。

海派家具打破了传统家具以硬木为主导的单一局面，各种材料会被综合运用到家具制作上，如金属、木夹板、玻璃、陶瓷制品、织物、皮革等。虽然从价值角度来说，海派红木家具仍为世人热捧，但从历史发展来看，用材种类之广无疑是近代上海家具发展的一大特点。

首先，应用的木材种类得到了扩展。除高档红木家具外，由于西人对柚木颇为推崇，海派家具多有用柚木制作的，并被视为精良之品。工艺更新同样扩展了家具木作的选材范围。例如制作海派家具常用的双包镶制板工艺——以宽木条作框，间置细木龙骨，框外用双层实木板手工冷压贴覆，此举改善了我国传统家具的纯实木制作方法，不但节省木料，又能防止家具变形，也为增加选材种类创造了条件（如双包板内芯选材常用的有柳桉、樟木、洋松、杨木、椿木、柏木等）。而薄皮黏合胶合板技术是在近代从西方传入我国的，这种加工工艺曾广泛流行于 20 世纪三四十年代，当时的薄皮和夹板多为进口，选材有黑桃木、胡桃木、梅泊尔（Maple，枫木）和雷司（Lacewood，美国梧桐木）等品种。[1]

其次，金属构件改善了海派家具的使用体验。转椅是海派家具的一个重要代表，其独特的结构设计是对传统家具的革新，其特点是：在座面与椅腿之间用一组钢构连接（主要是固定件、调节把手、螺旋钢柱等），可任意调节高度或水平旋转。进入 20 世纪，转椅已成为风行的民用家具，体现了工业技术与传统木作结合后，家具功能体验的一个飞跃。（图 4-41）

再次，玻璃被广泛应用于海派家具制作上。我国虽然早在春秋时期就已经掌握了玻璃的相关制作技术，但多是作为工艺品来发展的，广泛运用到家具制品上，则是近代的事。近代上海家具制作大量结合了玻璃材料，一方面增添了家具的实用性（如结合镜子的衣柜、梳妆台、衣帽架等），

---

① 王定一主编：《上海二轻工业志》，上海社会科学院出版社 1997 年版，第 197 页。

图 4-41 海派转椅

另一方面强化了家具的装饰性与功能性（如通透的玻璃屏风、防尘陈列柜等）。玻璃以其晶莹剔透的独特质感，丰富了海派家具的形式，也为家具增添了一丝"洋气"，成为时尚之举。（图 4-42）

图 4-42 海派家具广泛使用的玻璃材质

　　再有，藤编工艺曾一度流行于海派家具制作之中，且设计新颖，装饰感强。其中做工讲求的高档藤料多为南洋进口。宋庆龄结婚时，父母送给她的结婚家具便是结合了藤编工艺的套装海派家具，得到了宋庆龄的精心保存。作为近代上海颇具影响的宋氏家族，爱女嫁妆中的家具必定是精心挑选，选择藤木家具也反映了藤编工艺在近代上海家具设计制作中的潮流趋势。（图4-43）

图4-43　宋庆龄纪念馆藏的海派藤木套装家具

　　此外，由于软体家具的盛行，织物、皮革等材料在海派家具制作中也得到了广泛使用。例如近代上海座椅制作经常采用一种俗称"活面"的做法，即座椅的座面和靠背可拆卸反转，一面为软包，一面为光面，使同一把椅子冬夏皆宜，这种做法是在借鉴西式软包椅的基础上做出的改良，而这种通过改良结构充分利用材料属性的巧思也体现了海派设计的魅力。（图4-44）

图4-44　海派座椅

海派家具的装饰风格

近代上海家具文化的生态构成首先经历了多元共存的状态，除了传统苏式、广式家具外，西商也从海外带来了西方匠师的正统作品，当时欧洲流行的各种经典款式都能在这里见到（如英国的威廉—玛丽式、安妮女王式、乔治式，法国的路易十四式、摄政式，等等）。1871年，乐宗葆在上海创办了泰昌洋货木器公司，以传统工艺生产仿西欧宫廷式家具，是上海第一家生产经营西式家具的民族企业，他的产品大受欢迎，有大餐桌、写字台、扶手椅、沙发、西式橱柜、雕花木箱等。当然，这一时期也有外商开办西式木器加工场，招本地工匠制作"正统"西式家具供内销或出口，这为上海匠师近距离了解、学习西方家具文化创造了条件。

中国匠师从来就不缺乏创造力，在掌握中国传统家具制作工艺的基础上，经过一段时期的学习、模仿，西式家具的风格特点最终都成为海派家具借鉴、吸收的源泉。例如上海亚振海派家具收藏馆的一件民初扶手椅，其整体风格呈现出洛可可的特点，但细部雕花却是中式卷草纹，而前腿与椅面束腰处的兽脸雕刻又带有中国龙和中国狮的特征，可谓别具一格。至于椅腿两侧的管脚杖用两根横杖相连，明显是借鉴了中式传统家具的做法，这种"中西融合"的理念实为海派风格的代表。调研过程中笔者还发现一家古董店里收售的一件老上海桌案，桌面边抹上敛下舒，束腰狭如一线，彭牙透雕中式卷草纹，洛可可式的兽脚桌腿采用弧形拉档相连，中嵌拐子龙纹透雕板，只是雕刻略显粗硕，此件家具整体造型"不中不西"，虽略有风格拼合之感，但也是极具个性，充分体现了海派家具的特点。（图4-45）

图4-45　"不中不西"的海派风格家具

在笔者的调研中发现，大量遗存的近代上海老家具风格特征繁杂多样，可谓"海纳百川"，其中不乏优秀之作。通过这些作品，我们能感受出海派家具既欣赏苏式家具的典雅，也钟意广式家具的富丽；既可以展现巴洛克风格的厚重，也会发挥洛可可风格的轻巧，这些追求汇聚一体，便孕育了具有"东情西韵"的海派家具风格。（图4-46）

图4-46　"东情西韵"的海派风格家具

此外，海派家具也会受到现代艺术风格的影响。除前文提到的那款带有新艺术运动风格特征的家具作品外，装饰艺术派风潮对近代上海家具设计同样产生了深远影响，从遗存的近代上海家具设计图纸和大量的上海老家具实例中，我们可以找出许多带有装饰艺术派风格特征的家具作品，这其中既有法国装饰艺术的"古典几何"，又有美国装饰艺术的"摩天楼"特色。进而，伴随上海家具文化的发展演进，装饰艺术派风格融入海派家具文化之中，逐渐形成了具有自身特色的装饰语言，甚至有人称之为"上海Deco"。（图4-47）

我们知道，一种风格走向成熟，必然会带有特征明晰的艺术语言。海派家具在其发展流变过程中，也形成了一些明显的形式特征，如"三弯

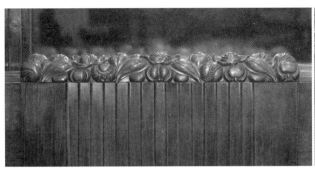

图 4-47　独具魅力的 "上海 Deco"

腿" 就是其常用的一种符号语言, 而装饰纹样经常融合中式传统 (如牡
丹花、葫芦纹、缠枝纹等) 与西式经典 (如玫瑰花、葡萄纹、西式卷草
纹等) 于一身, 并逐渐形成一些 "不中不西" 或说图案化的独特雕饰,
等等。需要强调的是, 就海派家具的发展历程来看, 虽有上述的这些特
征, 但并不会拘泥于此, 而是不断地兼容发展、推陈出新, 这也真正意义
上体现出海派文化的精髓——海纳百川、兼容创新。

第五章

近代上海室内设计时代特征

第一节 文化认同下的多样性

开埠以前，由于便利的港口贸易，上海已经具有了"五方杂处"的文化基础。当时来自全国各地的商贾、海员或客居上海或短暂停留，逐渐形成了各种商帮，兴建了许多同乡会馆、同业会馆，虽然这些建筑表现出不同的特点，但就室内设计来说，还多是在中国传统建筑文化支配下进行的。开埠后，上海"五方杂处"的局面被进一步扩大，来自世界各地的商人按照自己的喜好在这里生活，他们把异域文明引入这里，形成了上海更为多元的文化生态。尤其是在近代后期，伴随"西风东渐"的不断深入，"东方"与"西方"并存，"传统"与"现代"并进，多元文化共生的现象更加突出。反映在建筑领域，最直观的表现就是建筑文化更加多样，这也直接决定着近代上海室内设计相较以往呈现出更加多样性的特征。

多元共存实质是一种文化认同的体现，在室内设计中首先会表现为文化形式的认同。书中提到 1902 年兴建的华俄道胜银行拉开了上海西式古典风潮的序幕，此后，利用西方古典艺术语言传达自己的文化主张成为当时上海盛行的室内设计手法，甚至在 1927 年由华人投资、华人设计的金城银行还是以西方古典艺术作为主要的文化选择。而当人们看到沙逊大厦（1929 年）装饰艺术派风格室内设计所呈现的现代与高贵后，这种文化形式得到广泛认同，装饰艺术派风格也随即扩散开来，成为 20 世纪 30 年代上海室内设计风格流变的主要代表。

多元共存还会引起不同文化之间交错对接、相互交融，这又会促进文化发展，催生新文化。20 世纪 30 年代，活跃在上海的华人建筑师为弘扬中国传统建筑文化所做出的努力和取得的成果，就是在工业文明基础上对传统文化新发展的探索；而近代上海之所以能形成"中西合璧"的海派风格室内设计，同样与多元文化共存有着直接联系。由此可见，文化认同下的多元共存深深影响着近代上海室内设计的发展。

文化认同还表现为生活观念的认同，而生活观念又影响着室内空间设计的价值追求。我们知道，住宅是最契合人们生活的"工具"，它的空间形态最能体现人们生活方式、生活理念的需求。由近代上海里弄住宅建筑内部空间的演变过程来看，从早期石库门的"重传统"，发展为新式里弄的"重功能"，再走向公寓式里弄的"重个性"，"中"与"西"、"旧"与"新"的演进主线清晰可见，它不仅以空间语言记录着人们生活理念的转变，也体现着人们对现代生活文化的认同过程。因此可以说，基于生活观念转变而产生的空间类型多样化同样是近代上海室内设计发展的重要特征。

此外，在近代上海多元共存的文化生态中，各种各样的西式风格潮起云涌，但这些源自西方的风格式样在进入上海的时候或多或少都会产生变异，这也是由于文化需求的多样性而产生的。如书中所说，20世纪30年代上海广泛流行西班牙式室内设计风格，但更多的情况是将这种风格特点做出抽取与简化，以适应不同的需求。当时众多公寓建筑或里弄住宅中，人们喜欢在室内局部采用螺旋柱、彩色马赛克等装饰形式，虽带有西班牙式风格的特征，但又并非是正宗的设计手法，这样做一来造价不会太高，二来又可以营造异域的风格感受，可见这种抽取与简化本身就是基于文化多元下需求多样而产生的。又如，欧洲现代主义建筑主张通过设计解决工业文明下的社会矛盾，服务大众，提倡简洁与经济；但在近代上海，现代主义风格多被运用在华人兴建的花园洋房室内设计中，仅仅是作为一种迎合潮流的装饰语言，其文化追求在本质上已经发生改变——价值追求的变异也再一次显示出近代上海室内设计的多样性特征。可以说，多元共存是推动近代上海室内设计发展的重要诱因，而多样性则是多元共存下上海室内设计发展的重要特征。

第二节　文化理念的创新性

近代以前，上海的室内设计发展受封建思想影响，室内装饰多是借物表意，传达个人的审美品好，装饰题材也多是采用自然景物或是程式化的装饰语言，就室内设计理念而言，始终如一。步入近代，尤其是 20 世纪后，西方文化、商业文化在城市文化发展中有举足轻重的地位，此时，上海的室内设计发展力求贴合时代，开始追求设计理念的创新。例如书中提到建于 1910 年的永年人寿保险公司室内设计采用西方宗教题材的古典风格，既显得室内空间大气稳重，又符合"上帝保佑"的人性关怀，表达了永年人寿保险公司的经营理念，开创性地融合了西方建筑文化与商业文化，这种设计理念不但顺应了商业发展的现实需求，也迎合了当时上海建筑文化发展的审美潮流，成为 20 世纪初上海商业建筑室内设计的主流思想。随后在 1923 年建造的汇丰银行室内设计中，其八角厅藻井顶层的"丰收女神"象征获取财富，二层的黄道十二宫象征全方位，三层的城市风光象征着银行的雄厚实力，而外环拱肩上的 16 幅希腊人物神像又寓意了银行家的素养……古典文化融合商业文化的室内设计理念被表现得淋漓尽致。足以见得这种创新理念的适应性，也凸显了上海近代室内设计的时代特征。

前文我们提到，由于中西方建筑在空间组织理念上存在差异，导致室内设计在本质上有所不同：西式建筑较中式传统建筑更加注重室内界面的装饰设计（参见第三章第二节）。所以，近代上海华人建筑师为弘扬中国传统建筑文化，利用西式空间融合中式传统装饰的做法也可以说是一种设计理念的创新。例如 1931 年建造的中华基督教青年会大楼，其室内设计就是在现代建筑空间中采用中式传统装饰符号，彰显出传统风格的魅力；又如 1933 年由董大西设计的上海博物馆，其室内设计将楼梯作为空间重点，采用浓郁的中式传统风格予以包裹，取得了良好效果，这种做法明显有别于传统室内设计将楼梯"隐蔽"的理念，充分体现了理念创新对传统建筑文化发展的积极作用；而 1935 年由杨锡镠设计的大都会花园舞厅，采用龙凤图案为舞池背景，设计得活灵活现，极富动感，成功地将原本肃穆的传统装饰符号运用到娱乐建筑室内设计中，这种传统与时尚相互融合的设计理念，在当时来讲颇具创新性，也再一次体现出近代上海室内设计发展在理念上追求创新的时代特征。

作为"西风东渐"的窗口，中西文明在上海激烈碰撞，彼此之间相互作用、相互融合，以适应这里特殊的历史环境，逐渐形成了上海所特有的城市文化，并逐步孕育出独具特色的海派风格室内设计。这种风格既不同于中式传统，也有别于西式复古，是一种风格文化的创新。例如，海派家具虽然继承了中国传统家具的文化基因，但又突破了中国传统家具的款式类型，还打破传统家具单一的材料选择，同时也形成了带有自身特色的艺术形式。从类型创新，到材料创新，再到风格创新，海派家具设计呈现出明显的地域特征，由此我们也能看出，开创精神是近代上海室内设计发展得以保持活力的重要基础。

在近代上海，就建筑文化发展来说，人们多是对潮流文化的迎合，可以说还没有形成真正意义上带有个人风格烙印的建筑设计。但在室内设计领域则不同，一些有追求的设计师在室内设计实践过程中逐渐形成了带有自身特色的艺术语言，如建筑师邬达克就是一例。邬达克是 20 世纪初上海颇具名气的建筑师，他把一生的建筑事业都献给了上海，他曾在寄给父亲的信中说道：有才华的设计师无须了解艺术史，他们应该创造历史。在邬达克职业生涯后期的诸多现代风格室内设计中，他经常使用带有自身风格特色的装饰符号来体现自身的艺术追求，被人们称为"邬达克符号"。作为一个时代的典型代表，他的这种艺术追求客观反映出近代上海室内设计发展所秉持的创新精神。

第三节　文化发展的敏锐性

19 世纪末 20 世纪初，西方工业文明不断发展，一些有思想的建筑师和艺术家积极开展探求新建筑运动，催生了新艺术运动、现代主义和装饰艺术派等文化潮流，而同时期上海的建筑文化还是盛行着相对保守的古典艺术风格，但在室内设计中却对这些西方潮流做出了积极响应。

20 世纪前上海的西式建筑还多是殖民地式风格，1902 年兴建的华俄道胜银行采用正统的西式古典建筑语汇，掀起了近代上海西式古典建筑风潮。虽然当时西方主流的建筑文化已经开始摒弃复古风格，但对于上海来讲，这仍是"新颖"的建筑式样。然而在华俄道胜银行的室内设计中，建筑师却对当时欧洲刚刚流行开来的新艺术运动风格做出反应，采用植物、花卉为原型进行窗棂和顶棚设计，在严谨的古典空间中营造出自然之美，体现出室内设计较建筑设计对西方潮流文化反应更为敏感的特点。

1923 年建成的汇丰银行大楼虽然采用了当时最先进的钢混结构建筑技术，但其外观却依旧包裹着"老套"的古典主义形式。然而在其室内设计中，设计师紧跟西方潮流，大楼内部的灯具陈设和栏杆扶手等设施设计均借鉴了当时欧美日渐流行的装饰艺术派风格。这是因为设计师在进行建筑设计时，西式复古风格仍为上海建筑文化发展的主流，但两年后当大楼建成之时，西方建筑文化的风头已悄然变化，逐渐开始流行新的装饰语言，设计师以敏锐的嗅觉体察到了这点，于是在后期进行室内设计时，为迎合西方潮流便借鉴了装饰艺术派风格的设计理念。这一方面说明近代上海（尤其是 20 世纪后）与西方的文化联系更为紧密，同时再一次体现出近代上海室内设计较建筑设计对西方潮流文化的反应更为敏锐的特征。

进入 20 世纪，上海的室内设计在工业文明背景下不断对工艺技术、设备设施推陈出新，积极应对商业文化发展下的竞争需求，同样带有灵活应变的敏锐性特征。

跳舞是近代上海最具影响力的娱乐活动，广泛受到时尚男女的追捧。20 世纪二三十年代，大量的营业性舞厅相继建造，在 1932 年兴建的百乐门舞厅中，设计师杨锡镠除了选择时尚的装饰艺术派风格进行室内设计外，还独具匠心地采用悬挑式木结构设计出经济实用的"弹簧地板"——这种地板相比常见的铺装设计更加能增添舞者的激情，成为百乐门舞厅的最大特色。百乐门舞厅也因此吸引了大量舞客，成为老上海的时尚去处，甚至被誉为"远东第一乐府"。由此我们可以看出，近代上海室内设计积极应对时代潮流，在工艺技术上力求推陈出新的敏锐性特征。

20 世纪 30 年代的上海，南京路上有享誉全国的"四大公司①"，其中的大新公司开业最晚。但大新公司是上海乃至中国第一个将自动扶梯用于商业空间室内设计的卖场，开创性地将动态空间设计理念引入室内设计中。此举成为大新公司的一大亮点，为商场招揽了源源不断的顾客，甚至对于时人来说，去大新公司乘坐电梯成为一种享受。从某种方面来说，正是由于大新公司利用"新潮"的技术设备提升了室内环境的体验品质，才在激烈的竞争中获取优势。由此可以说通过室内设计中的设备更新以应对市场竞争，同样体现了近代上海室内设计灵活应变的敏锐性特征。

第四节　复杂的设计内涵

在近代上海一些颇具代表性的建筑中，建筑外观设计往往会采用某种

---

① 这里指的是：先施公司（1917）、永安公司（1918）、新新公司（1926）、大新公司（1936）。

固定的或说纯粹的风格式样，而建筑内部空间却会依据不同的需求进行室内设计，因此我们很难用某种固定的风格语言来描述这个建筑的室内设计，这使得近代上海室内设计较同时期的建筑设计表现出一种复杂性特征。

复杂性首先表现为一个建筑内部的室内设计为满足不同需求而表达出多层含义。如礼查饭店（1910 年）的室内设计，其大堂属于凸显豪华气质的维多利亚风格，而孔雀厅则采用了巴洛克风格和带有哥特复兴特征的设计手法，以此来营造热闹高敞的室内环境，但当我们来到饭店三楼的中厅，又能使人产生英国乡村的遐想和游轮船舱的错觉，这样的设计风貌是基于不同的功能需求和业主的审美追求所产生的。又如 1927 年落成的江海关大楼，其建筑外观采用现代风格的形式，曾是外滩最突出的地标性建筑，而其建筑内部的英人税务司办公室和华人税务司办公室的室内设计则明显采用不同的风格语言予以表达：前者追求的是英式贵族气质，后者散发出浓郁的东方意味，这再一次体现了不同文化背景对室内设计风格的影响作用。再如近代上海颇具影响的沙逊大厦（1929 年）室内设计更是复杂多样：沙逊大厦底层的公共空间采用摩登时尚的装饰艺术派风格，八层的主宴会厅则是巴西利卡式古典空间形态，其东侧的龙凤厅又采用中式传统风格予以表现，至于闻名遐迩的九国套房更是风格迥异，这是出于不同功能和不同需求而产生的结果，也充分体现了近代上海室内设计的复杂性特征。

其次，近代上海室内设计的复杂性还表现为风格语汇的复杂。例如在前文提到的多曼德（Drummond）私宅中，他的客厅室内环境带有明显的维多利亚风格特点，而壁炉框却被设计成了中式牌楼的形式，且视觉效果极为突出，并无相求统一之意。这种带有矛盾性特点的室内设计与后来所形成的追求和谐的海派风格有明显的区别，表现出一种风格语汇的复杂性。（图 4-14）

再有，近代上海室内设计的复杂性还体现在设计理念的复杂上，吴同文住宅（1937 年）便是代表。吴氏家族是旧上海的名门，作为新一代的商人，吴同文希望用一座新式建筑来彰显自己的个性和地位，建筑师邬达克充分考虑了业主的特殊需求和家庭背景，既采用现代设计手法，又兼顾中国传统文化。例如虽然吴宅整体散发着强烈的现代气息，但邬达克在室内设计时，遵从了中国传统大家族的生活方式，将供奉家堂的堂屋设置在整座建筑的中心位置，并对用人的活动空间予以刻意回避，这种设计手法体现出中国传统文化讲究尊卑有别、内外有分的价值观念。而邬达克采用现代与传统相融合的设计理念并非是现代建筑所主张的打破传统，也非是对中国传统文化发展的探索，表现出一种设计理念上的矛盾性和复杂性。

此外，近代上海室内设计的复杂性还体现在设计类型的复杂上，这点也明显区别于以往中国任何时期的室内设计。例如被誉为"远东第一高楼"的国际饭店（1934年），它除了有豪华舒适的装饰设计外，还具备完善的电路照明系统、消防系统、电报电话系统、水暖空调系统、垂直交通系统等。这一方面显示了系统设计在室内设计的重要作用，另外也体现出随着近代上海的建筑功能越来越复杂，室内设计也随之表现出来的复杂性特征。

于此需要指出的是，近代上海室内设计所体现出的这些时代特征——文化多元、理念创新、发展敏锐、内涵复杂，也是上海近代室内设计发展的高度概括，显示出了"海派"设计的渊源和内涵。同时，也正是基于近代上海室内设计所表现出的这些特征，决定着上海近代室内设计朝着专业化、现代化发展的必然，这点对于我国室内设计发展来说具有重要意义。

第六章

近代上海室内设计的现代化进程

第一节　科学管理的促进作用

任何时代都会有相应的建筑语言和技术手段来适应那个时代人们所特有的生活方式及建造要求，其中的某些基本条件会逐渐演变成固定"标准"，自觉或不自觉地约束着人们的建筑活动，而这些"标准"终将随着人类文明的演进成为建筑制度化的基础。

在中国封建社会，统治阶级以儒家思想作为维护社会秩序的基本原则，靠等级制度来约束人们的建筑行为，试图以"文化—物化"的形式实现对社会生活的规范管理。所以在我国古代，大到城市格局、村镇聚落，小到建筑形态、空间装饰，均能看出封建思想对建筑活动的影响和制约作用，这是中国传统建筑体系的根本所在，却也在一定程度上制约着传统建筑文化的发展。鸦片战争后，上海被迫开埠，封建思想受到前所未有的冲击，社会生活也随之发生了翻天覆地的改变，以等级制度为圭臬的封建建筑文化随着清廷瓦解在西方近现代文明面前更显得苍白无力，带有现代色彩的建筑制度开始出现在上海的城市管理之中，在人们生活走向现代化的进程中起着重要的促进作用。

室内设计与人的生活密切相关，现代意义上的室内设计就是为满足人们的不同需求而产生的一个专业门类，而生活方式、生活理念的转变势必左右着室内设计的发展。由此可以说，促使社会生活脱离封建体系、走向现代的近代上海城市建筑管理制度，在发展完善的过程中也推动着近代上海室内设计朝着现代化方向发展。

如前文所述，租界在近代上海城市发展中起着深刻的历史作用，是变革的开始，也是历程的代表。在近代上海租界的市政管理中，以公共租界工部局存在的时间最长，发展脉络最为清晰，我们以它为例来探讨逐步完善的建筑制度是如何推动近代上海室内设计走向现代化的。

1. 制度设立影响着人们生活理念的转变

1845 年签订的《上海土地章程》①（共 23 款）可谓租界的"基本法"，是最早关于租界建设的管理章程，西人据此成立了道路码头委员会，开始依照"法制"手段改善租界的生活环境。在当时尚处于封建社会时期的中国，此举被罗兹·墨菲称为是上海取得卓越地位的象征，②也成为当时中国其他地方辟设租界和制定制度的基本参考。

《上海土地章程》在划定界址、给予外侨建房权的同时，强调"均应由管事官先给执照，始准开设（第 17 款）"。此条款明确了道路码头委员会对租界建设的管理权及发放执照制度，为后来当局有权制定建筑规则打下"法定"基础。这时，由于中西双方秉持"华洋分居"的政策，且初到上海的西商并不多，租界内人烟寥落，建筑管理还没有成为城市管理的重点。西人抱着快速赚钱然后离开的心态在此短暂生活，所建的房屋也是简陋的正方形建筑，没有什么风格，也不用建筑师，直到 1853 年这种情况才有所改变。

1853 年 9 月，小刀会在上海起义，租界三方（英、法、美）借机通过了第二次《土地章程》③（共 14 款），彻底掠获了租界的行政权，当局随即解散道路码头委员会，成立工部局，开始着手对租界进行行政管理。小刀会起义致使大量华人躲进租界求生，西人看准商机，建造简易木板房租给躲祸的华人借以牟利。只是木质房屋极易形成火灾，加上战时火攻的危害历历在目，租界当局充分认识到了建筑防火的重要性，在第二次《土地章程》中明令"洋房左近不准华人起造房屋草棚，恐遭祝融之患（第 8 款）；禁止华人用篷、蓁、竹、木及一切易燃之物起造房屋，……违者初次罚银二十五元，如不改移，按每日加罚二十五元，再犯随事加倍。……起造房屋札立木架及砖瓦木料货物，皆不得阻碍道路，并不准将房檐过伸、各项妨碍行人。如犯以上各条，饬知后不改，每日罚银五元（第 9

---

① 章程内容参见郑祖安《英国国家档案馆收藏的〈上海土地章程〉中文本》，《社会科学》1993 年第 4 期。

② ［美］罗兹·墨菲：《上海——现代中国的钥匙》，上海社会科学院历史研究所编译，上海人民出版社 1986 年版，第 34 页。

③ 即 1854 年颁布的"上海英法美租界租地章程"，章程内容参见（清）颜世清辑《约章成案汇览》乙篇卷十（上）章程：上海英法美租界租地章程。

款）"。

作为租界"基本法"，章程如此修订，显示出早期租界管理十分注重建筑消防及交通环境，还将具体处罚条例写进"基本法"，可见当局在法制化管理上尚处在探索阶段；同时章程也明示了租界承认"华洋杂居"的现实，开始管理租界区华人的建筑活动。此外，第二次《土地章程》还规定："凡欲向华人买房、租地，须将该地绘图，注明四址亩数，禀报该国领事官"（第 3 款）；"查明无先议之碍，即议定价值，写契二纸，绘图，呈报领事官，转移道台查核，如无妨碍，即钤印送还，归价收用"（第 4 款）。条款明确指出租地时需要附上相应的图纸以便查验，说明建筑规范化开始成为城市管理的一项重要内容。

19 世纪 60 年代初，虽然江浙地区战祸连连①，但由于租界内有万国商团和帝国主义保护，相对稳定，经济发展蒸蒸日上，房地产业初现端倪，一些商人已经牟取了相当数量的财富，逐渐站稳脚跟。此时，建立起一种共同体制，使租界成为一个具有一定政治地位的联合体已经成为旅沪西人中盛行的观念。②

1869 年，工部局获北京公使团"暂且批准"，颁布第三次《土地章程》③（共 29 条，附律 42 条），旨在强化工部局的管理权和独立性。与前两次章程不同，此次章程采取了款、条分离的结构，增设附律，章程主体并未对建筑活动有明确要求，只是规定商人在申领执照时须有"详载四址"的图纸（第 3 款）。而附律中对建筑事项作了许多特别说明，如第 8 条"造屋必先筑沟，照局示而行"，第 14 条"房屋须有水落"，第 20 条"失修房屋"，第 23 条"（房屋）伸出街道各项"，第 30 条"查视房屋污秽"，第 33 条"（茅棚竹屋等）危险货物"等。

章程增设附律，首先显示出租界"法制"管理趋于专业化，而附律中相关建筑条例的增加，则说明建筑管理正逐渐成为公共租界市政管理的一项重要内容，并且条例呈现出科学化、细致化的趋势也暗示出公共租界的建筑设计开始走向专业化道路，不会再像开埠初期那样"随意造屋"。

---

① 指太平天国运动（1851—1864）。

② 西商河泊司、霍克雷在 1862 年 10 月 20 日给工部局的信件中曾有如此表述。参见上海档案馆编《工部局董事会会议录 第 1 册》，上海古籍出版社 2001 年版，第 653 页。

③ 即"上海洋泾浜北首租界章程"，章程内容参见（清）颜世清辑《约章成案汇览》乙篇卷十（上）章程：上海洋泾浜北首租界章程。

"基本法"中对建筑事项的逐渐完善在一定程度上为建筑设计发展提供了制度保障。值得注意的是，第三次《土地章程》的附律中亦有许多关于公共卫生的规定，说明工部局开始从健康角度出发管理租界环境，也印证着人们对生活环境的要求在不断提高。不过，这些规定和处罚多是针对华人而言。在19世纪60年代工部局董事会的会议记录中，就有许多关于华人乱倒垃圾的议题，甚至还有华人被带到董事会接受警告，① 这从侧面说明初入租界的华人依旧保持着原本的生活习惯，主观意识上还没有接受相对更为科学的管理理念。即使如此，在工部局的管理下公共租界的面貌已经发生极大改善。1866年，江西人黄楙材在游览租界时曾有这样的记载："洋楼耸峙，高如云霄，八面窗槅，玻璃五色，铁栏铅瓦，玉扇铜环；其中街衢衖巷，纵横交错，久于其地者，亦易迷所向。"② 这也真实反映出科学管理对城市生活带来的改变。自此，租界由一个滩涂乡野变成楼阁房廊之地，西方建筑文化、生活文化逐渐改变着上海的面貌，人们的生活开始稳定，追求也在不断提高，华人社会受到更多西方文明的影响，生活理念也在悄然变化着。

2. 制度化管理"督促"着近代上海室内设计走出封建桎梏

19世纪60年代初，太平天国运动导致租界内华人数量猛增③，商人们开始大量建造简易木板房和中式木结构房屋租售给华人，这也促使了近代上海房地产市场的首次火爆。即便是太平天国运动得到镇压，到了70年代，中式房屋的建造数量也远超西式房屋，尤其是相继建造的一些容易发生火灾的人群密集场所④，致使防火一再被工部局视为建筑管理的重要目标。在此背景下，1877年3月，工部局委派测量员C.B.克拉克和著名建筑师H.雷士德对公共租界内戏院建筑展开调查，并总结报告，于同年6月颁布了《（戏院）消防章程》⑤（共10条），章程对戏院建筑的出入口及安全通道做出明确规定，指出戏院建筑必须考虑公共安全因素，如：

---

① 参见上海档案馆编《工部局董事会会议录 第1册》，上海古籍出版社2001年版，第669页。

② 上海通社编：《上海研究资料》，上海书店出版社1984年版，第558页。

③ 至1862年，太平军横扫了除上海之外几乎所有的苏南浙北地区，并先后3次进攻过上海，由于租界相对安全，大量华人涌进租界躲避战火。

④ 如戏园、茶园等，根据时人统计，1866年租界区就已有大小戏院30余所，而英商投资兴建的兰心大戏院（1867）在1871年3月发生重大火灾，损失惨重。

⑤ 章程内容参见王寿林《上海百年消防纪事》，上海科学技术出版社1994年版，第30页。

第 1 条　每院须大门两个，至狭以 6 尺为率，门向外开，院中通门处概不准存储杂物。

第 2 条　戏院边墙每边至少开一个门，每门至狭 6 尺，俱向外开，不锁，只用小闩，可便于冲门而出。

第 5 条　楼梯每院须设坚固者 4 张，每张至狭 4 尺，梯边设坚牢栏杆，以防跌下，其梯两张在大门之旁，两张在台之旁。

第 6 条　自来水管（意指煤气管）须与木板远离，不得如现在仅离几寸。

此外，工部局还要求凡是提出建筑申请，其工程图纸一定要有火政处盖章，才能核发建筑执照。① 这是出于消防安全考虑，最早明令颁布的与建筑相关的专项规范章程。但是消防章程的执行情况并不令人满意。1893 年，工部局再次对租界内 5 家中式戏院进行消防检查，发现与 1877 年制定章程前的情况相差无几：所有的戏院中，门都是向内开的，通往楼座的地板不够结实，楼梯不够多，煤气灯离木结构太近，而且没有方便能到达其他相邻建筑物的逃生方式。② 我们知道，封建社会中国传统建筑的大门通常外有门槛，内有门闩，且门扇外部多有装饰，是体现等级制度的重要载体，也是脸面的象征（民间素有以门槛高低定论地位高低的俚俗），这就决定了中国传统建筑的大门多是向内开。工部局出于消防安全考虑，规定戏院大门向外开，自然具有科学合理性，但华人"拒不执行"，也说明传统观念和生活习惯难以一时改变。至于煤气灯和室内空间的合理设计，则是中式传统建筑的室内设计很少考虑消防问题、安全意识薄弱所造成的。不过，这在某方面也说明煤气灯这种"新事物"已经不再像当初被人们作为"地火"那样来抵触。

基于问题的严重性，工部局立刻采取措施，重新制定申领戏院演出执照的条件，要求经营者务必严格遵循消防章程，尤其是第 4、5、6 条，否则不予发放任何演出许可。业主们虽有疑虑，但也表示愿意对戏院进行必要的改造。尚处封建社会末期的近代上海，西方管理制度就是这样一步步

① 上海档案馆编：《上海租界志》，上海社会科学院出版社 2001 年版，第 574 页。

② 唐方：《都市建筑控制：近代上海公共租界建筑法规研究》，东南大学出版社 2009 年版，第 61 页。

"督促"着室内设计逐步走出传统桎梏的。

3. 逐渐完善的管理制度推动着近代上海室内设计的发展步伐

从以往制定的章程条例内容来看，工部局对建筑管理越发重视，这也促使更加完善的建筑制度相继推出。1899年，工部局在修订的第四次《土地章程》中，再次以"法定"的方式明确了自身对公共租界建筑的管理权以后，于1901年推行《中式建筑规则》①（共21条），这也是公共租界第一部真正意义上的建筑法规。该规则主体结构可分为行政规章（第1—4条）和技术要求（第5—21条）两大部分，其内容主要是出于安全、卫生等的考虑做出的规定，如：

> 第18条　通风——在每组房屋中，每间房子都应留有120平方英尺的空旷空地，此空地应尽可能平均分布在这组房屋中间，以使每间房都能够充分地通风。在房子靠近道路的情况下，路面5英尺宽的面积应计入空地范围。在特殊情况下，工部局可允许其他在房屋周围提供足够空地的措施。
>
> 每间居室，包括厨房高度至少为8英尺，并且配备有一扇以上直接通向室外空间的窗户，除行栈的侧房以外，窗子面积至少为地面面积的十分之一。
>
> 在最底层的每间铺地板的房间中，每根铺置地板的搁栅隔底面和混凝土表面之间，一律留有至少为4英寸的通畅间隔，而且利用适当的空心砖或其他有效措施，使间隔空间能彻底通风。地板也可以铺在石灰或水泥混凝土地面上，从而地板下面可以不留空间。

这是从健康角度对建筑环境做出的规定，条例内容更为明确，对改善建筑空间形态有一定的约束力和强制力。此外，规则还在技术层面对不同功能建筑的一些细部做法提出要求，如厨房、厕所、窗户、墙壁等。

---

① 章程内容参见上海档案馆编《上海租界志》，上海社会科学院出版社2001版，附录《典章规约选录》。此外，在近代上海诸多文献中，并未出现"中式建筑规则"的标题，只有"华式新屋建筑规则""中式房屋建筑规则""建筑章程"等标题，只是今天的学者为了符合当代字词语法习惯和研究方便，更多地使用"中式建筑规则""新中式建筑规则""西式建筑规则""新西式建筑规则"等称呼，对于文中出现的相关规则名称，本书采用今天学者们的一贯称呼，于此说明。

《中式建筑规则》是在 19 世纪末 20 世纪初公共租界华人人口猛增[①]、房地产业起步阶段下颁布的。整个制定过程颇费周折，虽然当局注重了建筑师和地产委员会的某些建议，但在执行过程中还是受到了业主的阻力。其实，早在 1877 年，工部局就希望颁布《华式建筑章程》，借以管理日益增多的木构建筑，只是早期殖民者多是为了快速发财，并不十分关心城市建筑的发展。而华人社会也是刚刚稳定，还顾及不到改善生活环境等问题，各方利益难以调和，最终这个拟定的章程只得不了了之。随着人们观念改变和科学管理的迫切需求，制度完善是早晚的事情，这也是《中式建筑规则》以及后来修订的各种建筑规则得以刊布的历史必然。

作为一部专门法规，《中式建筑规则》带有一定针对性和尝试性，仅对重点问题做出规定，就条款结构和内容而言并不算系统清晰，但无论如何，也为后来更加完善建筑规范起到了参考借鉴作用。

1903 年，工部局颁布了《西式建筑规则》[②]（共 75 条），可大体分为行政管理（第 1—4 条）、建筑基础（第 5、6 条）、墙体（第 7—24 条）、梁柱结构（第 25—27 条）、烟囱（第 28—44 条）、屋顶（第 45—47 条）、建筑高度、特殊房屋及退界（第 48—50 条）、通风要求（第 51—55 条）、建筑细部规章（第 56、57 条）、排水（第 58—75 条）这 10 个部分，较两年前的《中式建筑规则》更加详细，结构也相对清晰。工部局在先前经验基础上制定的《西式建筑规则》，依据上海城市发展的现实情况，借鉴欧美等国的建筑法规，采纳利益群体的合理建议，故而在执行过程中未受到多少阻力，成为推进公共租界建筑业稳定发展的制度保障，也助力着近代上海室内设计的发展。

4. 科学管理保障着近代上海室内设计向着现代化发展

早期工部局成形的机构并不多，很多时候是一兼多职。随着租界各项事务日益繁杂，所设委员会和相应机构也逐渐增多。起初，仅由几名道路检查员、土木工程师所组成的工务委员会来负责租界建筑事务显得杯水车薪，不能满足日益兴盛的建筑业发展所带来的管理需求。1906 年，工部

---

① 据统计，1900 年公共租界人口总数约为 35.2 万，较开埠初期的 500 人增加 700 余倍，而同年外国人的数量不足 7000，占人口总数尚不足 2%，这从侧面说明了公共租界内中式建筑的建造比例。

② 笔者未找到 1903 年《西式建筑规则》相关内容，条目分类统计参见唐方《都市建筑控制：近代上海公共租界建筑法规研究》，东南大学出版社 2009 年版，第 100—101 页。

局正式设立工务处，下设建筑勘测部（后改为建筑科），依照规章管理督查公共租界内各项房屋建筑事务，这标志着房屋建筑管理成为租界市政管理的一项重要内容。随着历史推进，近代上海建筑管理的相关法规历经多次增改，各种条文规范由简而繁，其中的一些条款对建筑空间形态及施工技术做出明确规定，体现了科学管理对建筑设计的影响作用。

例如，20世纪初，世界范围内爆发鼠疫灾害，上海在1909年左右也出现了不同程度的疫情，租界当局十分重视，委派公共卫生处做出调查报告。当得知携带病菌的"黑鼠"多栖息在人们住宅之中，且之前颁布的《中式建筑规则》中某些条款不利于防止鼠疫，工部局便着手重新对《中式建筑规则》进行修订，于1911年3月公布了修订案。此时人们对工部局出于公共卫生和健康考虑做出的修订案并没有提出过多反对，积极配合工务处的房屋改造工作，而此后新建的中式房屋也被戏称为"防鼠房"。这一方面体现了工部局制定相关制度的合时宜性，为完善建筑法规积累了经验；同时也显示出公众（华人）更加关注生活环境的卫生状况和个人健康，更愿意在实质上提高生活质量。

1916年，工部局根据社会经济、技术发展的实际情况，再次颁布公共租界建筑章程[①]，主要包括两个普通规则，即《新中式建筑规则》（共25条）和《新西式建筑规则》（共27条，5章附录）；两个特别规则，即《戏院等特别规则》（共46条）和《旅馆及普通寓所出租屋特别规则》（加定义范围共11项）；两个专业技术规则，即《钢筋混凝土规则》（共11节146条）和《钢结构规则》（共11节73条）。这次章程内容更加全面，结构更为清晰，兼顾了各方利益和技术要求，奠定了公共租界建筑规范的基本框架。此次颁布的建筑规则，其中一些内容对建筑内部空间做出了明确要求，如《新西式建筑规则》有如下条款：

> 第22款　通气　每一新建之家用房屋中，最低一层之房间地板为木质而非用硬木铺置于混凝土上者，在混凝土之上，格栅之下，至少须有6寸之空间。此空间应全用适当之气砖，使之通气，或用他种通气方法。一切通气洞口，须围以栅栏，使本局查勘员满意。

---

① 章程内容参见陈炎林编著《上海地产大全》，《民国丛书》第3编32册，上海书店出版社1989年版，附录：建筑规则。

每一新屋之住室及浴室中至少须开有一窗直接与外面空气流通。该窗之面积，或不止一窗，各窗之总面积，除去窗框或窗樘外，至少须等于该室地板面积十分之一。该窗之构造，至少能半开，开时且可直达窗顶。

在例外事件中，业主因浴室关系对于本规则之所规定感觉非常困难者，本局得酌量情形，变通办理。

每一新住宅内，应有食品间、伙食房或储食品之室，该室内至少在一墙中装置栅栏或窗，借以时常通气，窗口之面积至少须为五方尺，惟在例外事件中，业主因食品间等性质之关系，对于本规则之所规定感觉非常困难者，本局得酌量情形，变通办理。

每一新建家用房屋内之每一住室中，若无壁炉，须备适当之通气方法，该项通气，宜装置足量之汽洞或通气管，在近天幔处，至少须有 50 方寸无塞住之剖面面积。

每一住室，除全部分或一部分在屋顶内者外，每部分自地板至天幔至少高度须为 8 尺 6 寸。

每一起居室，全部分或一部分在任何房屋之屋顶内者，自地板至天幔之高度至少须为 8 尺，全部不能少于该室面积之一半。

这依旧是基于健康通风考虑所制定的条款，但比起早期建筑规则要细化很多，也更人性化。值得注意的是，这一时期大量建造的新式里弄住宅，其室内空间设计所呈现出的新特点（如功能细分、进深缩短、开窗增多等，参见第三章第四节）恰恰迎合着建筑规范的新要求。由此可以说，科学的建筑管理在侧面保障着近代上海里弄住宅的现代化发展方向。又如在新修订的《戏院等特别规则》中，对戏院、电影院、舞厅等公共建筑的门窗设置、走道走廊、大堂及衣帽间、座椅设置、舞台设置、灯光等做出了详细的规范说明，这些都对建筑设计、室内设计的健康发展起着决定作用，也是近代上海洋楼林立、灯红酒绿背后所不易发觉的引导力量。

20 世纪 30 年代，上海步入了城市发展的黄金时期，建筑业日臻繁荣，建筑技术日新月异，一些老的建筑规则不能适应城市发展中的实际情况，各种"变通办理"屡见不鲜。随着问题经常出现，工部局会对一些建筑规则条例做出更加科学的修改，所以公共租界的建筑法规也是在不断修订调整。1931 年，工部局决定重新对建筑规则进行全面修订，历经多方努力，终于在1937年颁布了《通用建筑规则》（共25款，3个特别规则），这也是公共租界历史上最后一次正式颁布的建筑规范。《通用建筑规则》是上海开埠以来科学管理城市建筑的阶段总结，其内容已趋于完善，结构也呈现系统化特点，表现出相当高的现代化水平，可以说是近代上海建筑设计现代化发展的"文本代表"。从这一时期建造的众多经典建筑和五光十色的都市生活中，我们总能感受到科学管理所带来的保障。例如1934年建造的国际饭店是当时"远东第一高楼"，除了有豪华舒适的装饰设计外，它还具有完善的消防系统：每层都设有专用消防龙头和自动报警、自动灭火装置，当环境温度达到49℃时，吊顶上方喷嘴孔便被熔化开起，自动喷水。此外，整个建筑内部还配有完善的电报电话系统、水暖空调系统、垂直交通系统、电路照明系统等，毫无疑问地可以说，国际饭店是近代上海公共建筑室内设计的典范。这一方面得益于技术发展，但同时我们也能体会到科学管理对建筑设计、室内设计的重要影响作用。

我们知道，一般情况下，制定规范是为了保障最低标准的群体利益，较现实情况总会具有滞后性，但规范本身又是客观事实的真实反映，会反过来促进改善现实情况。制定更加科学的建筑规则一方面说明建筑管理是伴随时代发展而演进的，客观反映着近代上海城市发展的现代化进程。另一方面，科学的管理制度也在积极保障着近代上海建筑设计、室内设计朝着现代化方向前行。

第二节　室内设计的专业化

专业化是一个行业走向现代的重要标志。虽然近代上海还尚未出现"室内设计"这一专业称谓，但近代上海室内设计趋于专业化是显而易见的事实，这也客观反映出近代上海室内设计发展所表现出来的现代性和取得的巨大成就。

近代以前的中国，是没有建筑师或设计师这个职位名称的，人们修造房屋多是由工匠（在上海多称为"水木作"）按照传统章法营造，也就是说中国传统建筑多是由工匠负责设计，设计和施工并不分离。至于传统建筑中所谓的室内设计实指内檐装修，属于木作范畴，是由木作匠师根据经验手工制作隔断挂落、天花藻井、家具陈设等室内构件，虽也会绘制一定的图示或烫样，但始终还是以示意为目的的匠意表达。而西方早在罗马时代就出现了像维特鲁威（Marius Vitravii Pollinis，前84—前14年）这样的建筑工程师，他出版了奠定欧洲建筑学基本体系的系统论著《建筑十书》。但由于时代原因，维特鲁威并没有对当时的建筑领域产生更广泛的影响。直到文艺复兴时期，他的思想才被后人重视起来，也是这个时期，西方出现了建筑师这个职业。到了1834年，英国成立世界上第一个建筑师团体组织——伦敦英国建筑师学会（Institute of British Architects in London），[①] 建筑师职业主义开始在英国广泛传播，英国的建筑师职业制度也开始日渐成熟。[②]

　　上海开埠后，早期的殖民地式建筑多是由业主依据个人经验自行"设计"，再结合中国传统营造方法予以实施。换句话说，早期殖民地式建筑是由西方业主和中国匠师共同创造的，"设计"在建筑营造中起着决定作用，这也使得"水木作"工匠开始有机会更多地接触到西方建筑文化，了解设计的意义和作用。后来随着西方职业建筑师的出现，一些稍具规模的洋行别墅，其建筑及室内设计均是由建筑师来指导完成，规范的设计图纸成为中国匠师施工实践的准则。同时，随着租界建筑管理日臻完善，图纸设计成为修造房舍的必要条件，这为设计规范化提供了前提，也为设计活动的专业化提供了保障。

　　在这个过程中，一些传统工匠经过刻苦钻研，不仅掌握西方近现代建筑技术，还钻研设计方法和设计规范，逐渐转化为"设计师"，这使设计和施工首先在工匠群体中分化出来，例如杨斯盛（1851—1908年）便是技术出身，后又具备设计能力的近代上海知名人士。杨斯盛13岁自川沙到上海学习泥水匠，师满后已经是一个技艺不凡的好手，他聪明好学，在实践之余勤奋学习英语和西方建筑技术，不久便成近代上海水木工匠中的佼佼者。杨斯盛不但技艺超群，且善于巧思，熟知西方建筑设计原理，他于1891年负责建造上海海关大楼时，不仅按外国建筑师的要求保质按期完成工程，而且在营建过程中还修正了设计不足之处，[③] 赢得中外同人的

---

① 1837年，更名为"伦敦英国皇家建筑师学会"；1892年，更名为"英国皇家建筑师学会（RIBA）"。

② 郑红彬：《近代在华英国建筑师研究（1840—1949）》，博士学位论文，清华大学，2014年。

③ 薛理勇：《旧上海租界史话》，上海社会科学院出版社2002年版，第218页。

高度评价，被社会舆论誉为"建筑巨擘"。① 因为他既懂技术又通设计，曾被英商爱尔德洋行聘为打样间负责人。② 杨斯盛的成长之路也体现了从"工匠"到"设计师"的转化。

近代上海室内装饰装修多为木作行业承揽，这其中也多有以匠师出身并掌握设计能力的"设计师"，如近代上海知名木匠水亦明（1883—1961年）就是典型代表。水亦明1896年进入上海武昌木器店当学徒，满师后不仅手艺精湛，还掌握了英语会话能力，曾任当时著名的泰昌木器店总经理。民国十一年（1922年），水亦明偕同大儿子水敦高开设明昌木器店（后改名水明昌木器公司）承揽业务。水亦明十分重视设计的作用，他对顾客定制的家具有着严格的设计制作流程——会事先给顾客看"三样"，即设计图小样、结构图大样和需封存的实样，待确定后才实施制作，由此我们也能看出近代上海家具设计专业化的事实。而这一时期，诸如生泰木器厂、冯成记西式木器厂、三信春营造木器厂等众多木作行也均会打出专家绘样、专家设计的广告以招揽顾客，这进一步说明专业设计在近代上海木作行业的重要作用。

此外，随着上海城市发展，建筑业务逐渐繁忙，外国人开设的建筑师事务所也会招收一些中国人做帮工，这其中不乏聪明能干之人，虽不是门里出身，但他们边干边学，在实践中很快就掌握了"现代"的设计知识和绘图能力。后来也有一些人开设了自己的打样间，周惠南（1872—1931年）就是其中的典型代表。周惠南12岁便孤身闯荡上海，随后进了英商业广地产公司做练习生，由于他刻苦用功、边干边学，很快便掌握了建筑设计的基本知识，曾先后在上海铁路局、沪南工程局和浙江兴业银行地产部工作，并担任兴业银行地产部设计室主任。后来他自己还开办了"周惠南打样间"，由他设计的大世界游乐场（1917年）就是近代上海知名的娱乐建筑。陈植先生曾高度评价周惠南为打破洋建筑师垄断设计的第一中国建筑师。③ 随后，活跃在上海的职业建筑师逐渐增多，这其中既有外国人，也有留学归国的华人建筑师，还有本土新式学堂培养出的青年干才，

---

① 娄成浩、薛顺生编著：《老上海营造业及建筑师》，同济大学出版社2004年版，第40页。
② 《上海建筑施工志》编委会编：《上海建筑施工志》，上海社会科学院出版社1997年版，第450页。
③ 娄承浩、薛顺生编著：《老上海营造业及建筑师》，同济大学出版社2004年版，第79页。

建筑设计专业化已经成为近代上海历史发展的客观事实。

到了 20 世纪，随着建筑业的繁荣和工程发包规则的普遍实行，出现了许多木器营造厂和建筑装饰公司专业承包室内装饰施工和设计业务。室内设计开始走向专业化。如 1904 年成立的英商美艺公司（Arts & Crafts Ltd.）就设有装潢部，其创始人之一的希克斯（S. J. Hicks）就是从事细木家具、金属制品和织物设计的专业设计师。1883 年改组的英商福利公司（Hall & Holtz Ltd.）在看到美艺公司营销模式大获成功后，也成立装潢部，从事室内装饰与设计业务。到了二三十年代，房地产业发展走向高潮和消费文化发展的需求，导致室内设计行业飞速发展。除了建筑师事务所从事室内设计外，还出现了像英商魏斯塔夫兄弟工作室（W. W. Wagstaff & A. W. Wagstaff）、现代家庭（Modern Homes）、美商胜艺公司（Caravan Studio Inc.）等一大批专业从事室内设计的公司，包括像美商华懋陶业公司（Cathay Ceramics Company Inc.）这样的建材商也有专业的室内装潢部门为业主提供设计服务。虽然近代上海还未曾出现"室内设计"的专业称谓，但室内设计专业化已然是明显的事实。①（图 6-1）

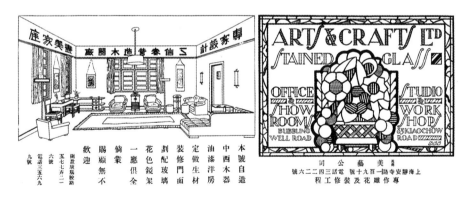

图 6-1　《中国建筑》杂志上刊登的近代上海室内设计广告

前文提到的钟煐就是活跃在近代上海的知名室内设计师，他曾留学法国学习建筑装饰设计，20 世纪 30 年代初在上海开设艺林建筑装饰公司，专业从事室内装饰设计与施工，并且在 1932 年还在霞飞路（今淮海路）上自设工场生产胶合板。张光宇先生曾在 1929 年 7 月的《上海

---

① 事实情况是近代上海的室内设计多被称为"内部建筑""内部装饰""美术装饰"等。

漫画》杂志中介绍设计师钟熀及其在法国所做的室内装饰，说道："钟熀君，1919年赴法，研究工艺美术，先后十年，于1925年在巴黎开万国建筑装饰工艺美术博览会获得特奖，又于1926—1927年获得巴黎各工艺美术展览会奖牌证书等，至1928年冬返国，任北平大学艺术院实用美术系教授"。[①] 钟熀不仅参与设计实践，还曾在《中国建筑》杂志上撰文表达自己对室内设计的看法，他指出："有堂皇建筑的外表，没有美丽装饰的内容，宛如绣枕草心，有美丽装饰的内容，没有堂皇建筑的外表，好似锦衣夜行，所以两者有密切连带的关系，缺一是不行的。"[②] 他曾联合张光宇、江小鹣等七人在上海成立了中国近代历史上第一个工艺美术团体"工艺美术合作社"（1929年），旨在供应各界工艺美术事业之委托。而张光宇（1900—1965年）与江小鹣（1894—1939年）作为中国现代装饰艺术大师和近代知名艺术家，也曾有过从事室内设计的经验。相关专业人员从事室内设计也侧面反映出上海近代室内设计走向专业化的历史事实。（图6-2）

图6-2　张光宇（左）与江小鹣（右）的室内设计作品

　　通过上述研究我们不难发现，纵然由于行业发展尚未成熟，近代上海得以留名的室内设计师并不算多，但室内设计作为一门独立于建筑设计的设计门类已经是历史的必然，职业室内设计师已然出现，室内设计专业化也已经成为历史事实。并且由中国建筑师学会1928年制定的建筑师业务规则来看，内部美术装修（室内装饰设计）一项有明确的收费标准，最高可达建筑工程费用的一分五厘，这再一次强化出室内设计的

①　施茜：《与万籁鸣同时代的海上时尚设计圈》，博士学位论文，苏州大学，2012年。
②　钟熀：《谈谈住的问题》，《中国建筑》1933年1卷2期。

专业性质。

　　室内设计独立于建筑设计成为一个专业门类，一方面显示出近代上海室内设计发展所表现出的现代性；另一方面，成为一个专业门类也预示了这个专业得以走向成熟，为中国室内设计学科建设与发展奠定了基础，这也更加凸显出近代上海室内设计发展对中国室内设计发展做出的重要贡献。

结　　语

　　本书旨在揭示近代上海室内设计所呈现的时代特征和取得的成就，力求客观、真实的再现历史。

　　回望历史我们发现，传统与现代、追求与融合这两条主线始终贯穿于近代上海室内设计的发展历程，这与"西风东渐"的大背景不无关联，也与上海独具特色的文化个性有着密切联系。

　　开埠后，西方文化如潮涌般进入上海，在给上海带来冲击的同时，也为上海带来了机遇。本就处在正统文化边缘的上海，很快就适应了这种历史变革，学习西方是近代上海室内设计做出的第一反应。然而，上海也是尊重传统的，当需要她担负起文化复兴责任时，她竭尽所能，通过室内设计我们便能看出上海做过的贡献。上海是一座"海纳百川"的城市，有冲击，就会有融合，务实求新的上海在丰富多彩的异质文化面前，并不会一味盲从——选择、借鉴、融创最终成了她坚守的文化追求，室内设计也出现了新风格。当走向现代成为中华文明前行的必然时，上海表现出更为积极的态度，追求现代、彰显个性在近代上海后期的室内设计中表现得淋漓尽致。本书就是在这样一种含隐的文化个性中展开研究的。

　　通过研究，笔者总结了近代上海室内设计所表现出的时代特征和取得的成就，我们不妨回望一下这些结论：

　　近代上海室内设计表现出文化多样、理念创新、发展敏锐、内涵复杂的时代特征。"文化多样"主要是基于文化认同所表现出的风格式样、空间类型多样。近代上海，东方与西方并存、传统与现代共进，各种各样的风格语言和空间类型存在于室内设计之中，构成了上海近代室内设计发展的首要特征。"理念创新"主要体现在设计理念、风格式样的创新，这主要是针对近代以前我国室内设计发展而言的。"发展敏锐"主要体现在文化发展和技术发展两个方面，文化发展的敏锐是相较同时期建筑设计而言，而技术上的敏锐主要是指通过技术、设备的推陈出新以积极应对时代潮流的发展。"内涵复杂"是基于近代上海室内设计的需求多样、形式复杂、理念复杂、类型复杂而提出的。此外，笔者还指出近代上海室内设计所体现出的这些特征也是上海近代室内设计发展的高度概括，反映出了"海派"设计的渊源和内涵。

近代上海室内设计所表现出的上述特征，决定着上海近代室内设计开始独立于建筑设计，朝着专业化发展。进而，笔者又对近代上海室内设计的现代化进程展开探讨，指出在科学管理引导下，近代上海室内设计逐步走向现代化，并且已经出现了职业的室内设计师，佐证了室内设计发展的专业化事实。这也进一步说明上海近代室内设计独立于建筑设计，成为一门专业设计门类的客观事实，这对于中国室内设计发展史来说具有重要的历史意义，代表着近代上海室内设计发展取得的巨大成就。

通过本书的研究，我们还能得出如下结论：

首先，近代上海室内设计是在文化开放背景下起步的，文化内因对室内设计发展起着至关重要的影响作用。

近代上海，西式复古风潮最早是由西侨引起的，为的是满足其自身的生活方式和审美情结。而对于华人来说，选择西式复古风格则是"西风东渐"浪潮下"低势"文化向"高势"文化靠拢后，人们"不自觉"的文化选择。然而随着文化自省，国人开始重新审视传统文化，此时华人建筑师利用最新的文明成果，在民族复兴意识引领下开始主动探索传统建筑文化的新发展，取得了丰硕成果，对后世产生了深远影响。这些均是文化内因对近代上海室内设计发展所表现出的积极作用。

其次，专业设计师对推动室内设计发展起到了重要的媒介作用。

近代上海，早期的室内设计是由业主和工匠共同完成的，室内设计的专业性并没有体现出来。19世纪末20世纪初，大量西方职业建筑师怀着"淘金梦"来到上海，他们具有专业的技术素养，靠自己的专业技能在异域他乡获得了成功。这些职业建筑师不仅把"正统"的西方建筑文化引入上海，还带来了西方最新的建筑技术，甚至参与培养了中国第一批建筑设计人员。到了20世纪20年代，随着中国第一代华人建筑师走向成熟，他们在室内设计发展中同样起到了重要的推动作用。

我们知道，海派文化是近代上海极具地域特色的一种文化现象，其最大特点就是兼容、融合。任何一种艺术语言在融入上海的时候，都将面临融合、发展的境遇，室内设计也不例外。正是有了具有专业素养的设计师，近代上海的"海派"室内设计才会出现如此瑰丽的面貌。

再次，室内设计是人们价值追求、生活方式、文化意识的总体反映，而风格语言则是这种反映的直观表达。近代上海室内设计从崇尚复古到追求现代，客观反映出国人对现代化潮流的渴望与追求。

20世纪初，虽然西方世界的现代设计运动早已蓬勃发展，但在上海，西方殖民者到此是为了攫取财富，主观上他们并没有担负推动上海设计文化发展的职责。在获得梦寐已求的财富后，追求西式贵族生活成为这些原本在本国并不如意的西侨所努力实现的目标。这一时期由他们修建的重要建筑多是采用体现贵族气质的古典主义风格。由于对西方文化的趋附，即便是已经"落伍"的西式古典风格在华人眼中依然有着旺盛的视觉生命力，所以西式古典风格曾盛极一时。但随着经济持续发展，消费文化蓬勃兴起，国人开始有意识地选择自己的文化追求。"追逐现代"成为20世纪二三十年代上海社会的主流价值观念，这一时期由华人投资兴建的一些重要建筑，其室内设计普遍采用现代风格，彻底摆脱了西式复古风格的束缚。我们知道，无论在任何时代，业主对室内设计文化选择的影响占有很大比重，近代上海室内设计风格流变从"复古"定格在"现代"，其本身就客观反映着国人对现代化潮流的渴望与追求。

还有，如李砚祖先生所说："学习和回味历史会使我们聪明起来，前人走过的道路无疑是后人前行的基础和导引。"[①] 本书并非仅是对我国室内设计专业的"童年回忆"。通过研究我们不难发现，近代上海室内设计在记录城市文化发展、人们生活理念转变的同时，由于其尚处于专业发展的初步阶段，对风格文化的探索仍停留在借鉴阶段，还没有充分发挥出自身的能动性和主动性。时至今日，室内设计早已成为家喻户晓的事物。面对日渐繁荣的市场和后工业时代的环境状况，我们能否发挥专业优势，在改善人们的生活环境的同时，"设计"是否可以引领人们观念的转变？并且，随着我国社会经济的日益崛起，文化复兴成为众人所愿，在这一轮的世界文化交融过程中，作为日渐成熟的一个专业，我们是否能够创造丰富多姿的中国室内设计文化，对世界文化再做贡献？等等，这一系列的问题与思考，恐怕是我辈将要为之努力和奋斗的目标所在。

---

① 李砚祖、王春雨编著：《室内设计史》，中国建筑工业出版社2013年版，前言部分。

参考文献

中文书目

［法］布西亚（Jean Baudrillard）：《物体系》，林志明译，上海人民出版社 2001 年版。

蔡易安编著：《清代广式家具》，上海书店出版社 2001 年版。

陈从周、章明主编：《上海近代建筑史稿》，上海三联书店 1988 年版。

陈炎林编著：《上海地产大全》，《民国丛书》第 3 编 32 册，上海书店出版社 1989 年版。

陈正书：《上海通史》，上海人民出版社 1999 年版。

陈志华：《外国建筑史（19 世纪末以前）》，中国建筑工业出版社 2004 年版。

崔冬晖主编：《室内设计概论》，北京大学出版社 2007 年版。

董鉴泓主编：《中国城市发展史》，台北文明书局 1984 年版。

董玉库编著：《西方家具集成：一部风格、品牌、设计的历史》，百花文艺出版社 2012 年版。

房芸芳编著：《遗产与记忆——雷士德、雷士德工学院和她的学生们》，上海古籍出版社 2007 年版。

［英］费瑟斯通（M. Featherstone）：《消费文化与后现代主义》，刘精明译，译林出版社 2000 年版。

干福熹等：《中国古代玻璃技术的发展》，上海科学技术出版社 2005 年版。

（清）高晋：《请海疆禾棉兼种疏》，载清代《皇朝经世文统编》卷二十六，《地舆部十一·种植》。

贺贤稷主编：《上海轻工业志》，上海社会科学院出版社 1996 年版。

洪泽主编：《上海研究论丛》（第 2 辑），上海社会科学院出版社 1989 年版。

胡正主编：《外滩 9 号的故事》，上海辞书出版社 2008 年版。

［美］霍塞：《出卖的上海滩》，纪名译，商务印书馆 1962 年版。

赖德霖主编：《近代哲匠录：中国近代重要建筑师、建筑事务所名录》，中国水利水电出版社 2006 年版。

赖德霖：《中国近代建筑史研究》，清华大学出版社 2007 年版。

乐正：《近代上海人社会心态》，上海人民出版社 1991 年版。

李新家：《消费经济学》，中国社会科学出版社 2007 年版。

李砚祖、王春雨编著：《室内设计史》，中国建筑工业出版社 2013 年版。

李允鉌：《华夏意匠：中国古典建筑设计原理分析》，天津大学出版社 2005 年版。

李长莉：《晚清上海社会的变迁：生活与伦理的近代化》，天津人民出版社 2002 年版。

梁思成：《中国建筑史》，百花文艺出版社 2007 年版。

娄成浩、薛顺生编著：《上海百年建筑师和营造师》，同济大学出版社 2012 年版。

娄承浩、薛顺生编著：《老上海营造业及建筑师》，同济大学出版社 2004 年版。

［法］罗兰·巴尔特：《符号学原理》，王东亮等译，三联书店 1999 年版。

［美］罗兹·墨菲：《上海——现代中国的钥匙》，上海社会科学院历史研究所编译，上海人民出版社 1986 年版。

马学强等：《出入于中西之间：近代上海买办社会生活》，上海辞书出版社 2009 年版。

马长林等：《上海公共租界城市管理研究》，中西书局 2011 年版。

毛佳樑主编：《上海传统民居》，上海人民出版社 2005 年版。

倪墨炎选编：《浪淘沙——名人笔下的老上海》，北京出版社 1998 年版。

［意］彭切里尼、［匈］切伊迪：《邬达克》，华霞虹、乔争月译，同济大学出版社 2013 年版。

濮安国编著：《明清苏式家具》，湖南美术出版社 2009 年版。

钱玄等注：《礼记》，岳麓书社 2001 年版。

钱宗灏等：《百年回望：上海外滩建筑与景观的历史变迁》，上海科学技术出版社 2005 年版。

《上海百年名楼·名宅》编纂委员会编：《上海百年名楼·名宅》，光明日报出版社 2006 年版。

上海档案馆编：《工部局董事会会议录》（第 1 册），上海古籍出版社 2001 年版。

上海档案馆编：《上海租界志》，上海社会科学院出版社 2001 年版。

上海地方志办公室编：《上海名建筑志》，上海社会科学院出版社 2005 年版。

上海公用事业管理局编：《上海公用事业（1840—1986）》，上海人民出版社 1991 年版。

上海建筑施工志编委会·编写办公室编著：《东方"巴黎"——近代上海建筑史话》，上海文化出版社 1991 年版。

上海浦东发展银行：《外滩十二号》，上海锦绣文章出版社 2007 年版。

上海人民出版社编：《清代日记汇抄》，上海人民出版社 1982 年版。

上海市档案馆编：《上海和横滨——近代亚洲两个开放城市》，华东师范大学出版社 1997 年版。

上海通社编：《上海研究资料》，上海书店出版社 1984 年版。

《上海通志》编纂委员会编：《上海通志》，上海社会科学院出版社 2005 年版。

《上海邮政史》编委会编：《上海邮政史》，上海书店出版社 2002 年版。

沈福熙、黄国新编著：《建筑艺术风格鉴赏——上海近代建筑扫描》，同济大学出版社 2003 年版。

苏智良主编：《上海城区史》，学林出版社 2011 年版。

唐方：《都市建筑控制：近代上海公共租界建筑法规研究》，东南大学出版社 2009 年版。

（元）唐时措：《建县治记》，载《弘治上海县志》卷五。

唐玉恩主编：《和平饭店保护与扩建》，中国建筑工业出版社 2013

年版。

　　唐振常主编：《上海史》，上海人民出版社 1989 年版。

　　同济大学等编著：《外国近现代建筑史》，中国建筑工业出版社 1982
年版。

　　王定一主编：《上海二轻工业志》，上海社会科学院出版社 1997
年版。

　　王介南：《中外文化交流史》，书海出版社 2004 年版。

　　王绍周、陈志敏编：《里弄建筑》，上海科学技术文献出版社 1987
年版。

　　王寿林编著：《上海百年消防纪事》，上海科学技术出版社 1994
年版。

　　（清）王韬：《瀛壖杂志》，上海古籍出版社 1989 年版。

　　魏枢：《"大上海计划"启示录：近代上海市中心区域的规划变迁与
空间演进》，东南大学出版社 2011 年版。

　　邬烈炎、袁熙旸：《外国艺术设计史》，辽宁美术出版社 2001 年版。

　　吴文达主编：《上海建筑施工志》，上海社会科学院出版社 1997
年版。

　　伍江：《上海百年建筑史：1840—1949》，同济大学出版社 2008
年版。

　　熊月之、高俊：《上海的英国文化地图》，上海锦绣文章出版社 2011
年版。

　　熊月之、周武主编：《上海：一座现代化都市的编年史》，上海书店
出版社 2007 年版。

　　徐公肃等：《上海公共租界史稿》，上海人民出版社 1980 年版。

　　薛理勇：《旧上海租界史话》，上海社会科学院出版社 2002 年版。

　　（清）颜世清辑：《约章成案汇览》乙篇卷十（上），《上海英法美租
界租地章程》《上海洋泾浜北首租界章程》。

　　杨秉德：《中国近代中西建筑文化交融史》，湖北教育出版社 2002
年版。

　　杨冬江：《中国近现代室内设计史》，中国水利水电出版社 2007
年版。

　　姚祖德：《营造法原》，中国建筑工业出版社 1986 年版。

叶亚廉、夏林根主编：《上海的发端》，上海翻译出版公司 1992 年版。

于桂芬：《西风东渐：中日摄取西方文化的比较研究》，商务印书馆 2001 年版。

俞剑华：《中国绘画史》（下册），上海书店出版社 1984 年版。

［美］约翰·派尔：《世界室内设计史》，刘先觉等译，中国建筑工业出版社 2007 年版。

张伟主编：《大光明·光影八十年》，同济大学出版社 2009 年版。

郑时龄：《上海近代建筑风格》，上海教育出版社 1999 年版。

郑祖安：《百年上海城》，学林出版社 1999 年版。

邹依仁：《旧上海人口变迁的研究》，上海人民出版社 1980 年版。

左琰：《西方百年室内设计（1850—1950）》，中国建筑工业出版社 2010 年版。

民国出版物

《现代家庭装饰》，上海大东书局出版，1933。

张光宇：《近代工艺美术》，上海中国美术刊行社，1932。

钮永建署：《民国上海县志》卷十五，1935。

《建筑月刊》1934 年 1 卷 4 期。

《中国建筑》1933 年 1 卷 2、4、6、18、24、26、28 期、1934 年 1 期、1936 年 29 期。

《良友》，1930 年 50 期。

《美术生活》，1935 年 14 期。

《申报》，1912 年 8 月 9 日、1927 年 7 月 8 日。

《上海特写》，1939 年 1 期。

外文书目

Allen Tate and C. Ray Smith, *Interior Design in the 20th Century*, New York：HarperCollins College Div Press，1986.

Anne Massey, *Interior Design of the 20th Century*, London：Thames & Hudson Ltd press，1990.

Peter Hibbard, *The Bund Shang：China Faces West*, HongkongTwin Age

Ltd Press，2007.

村松伸：《上海·都市と建筑 1842—1949》，东京株式会社 PARCO 出版局，1991 年。

村松伸：《上海—モダン都市の 150 年》，东京河出书房新社，1998 年。

学位论文

房正：《中国工程师学会研究》，博士学位论文，复旦大学，2011 年。

金亚兰：《近代竹枝词转型与都市文化研究（以 1872 年前后为中心）》，博士学位论文，上海师范大学，2015 年。

楼嘉军：《上海城市娱乐研究（1930—1939）》，博士学位论文，华东师范大学，2004 年。

施茜：《与万籁鸣同时代的海上时尚设计圈》，博士学位论文，苏州大学，2012 年。

田兴荣：《北四行联营研究（1921—1952）》，博士学位论文，复旦大学，2008 年。

曾利：《近代上海（木）家具发展研究》，博士学位论文，中南林学院，2004 年。

郑红彬：《近代在华英国建筑师研究（1840—1949）》，博士学位论文，清华大学，2014 年。

张清萍：《解读 20 世纪中国室内设计的发展》，博士学位论文，南京林业大学，2004 年。

学术论文

陈晓律：《英国保守主义的内涵及其现代解释》，《南京大学学报》2001 年第 3 期

单踊：《西方学院派建筑教育评述》，《建筑师》2003 年第 6 期。

丁炳寅：《胶合板工业发展简史》，《中国人造板》2013 年第 11 期。

洪葭管：《关于近代上海金融中心》，《档案与史学》2002 年第 10 期。

黄波：《鲍德里亚符号消费理论评述》，《青海师范大学学报》（哲学社会科学版）2007 年第 5 期。

景遐东：《江南文化传统的形成及其主要特征》，《浙江师范大学学报

（社会科学版）2006 年第 8 期。

李安民：《关于文化涵化的若干问题》，《中山大学学报》（哲社版）1988 年第 8 期。

李沉：《回忆中记述与思念：孙秉源忆杨锡镠与百乐门舞厅设计》，《建筑创作》2008 年第 6 期。

平之：《制铝工业的发展》，《化学世界》1949 年第 6 期。

钱宗灏、华纳（T. Warner）：《上海的近代德国建筑》，《同济大学学报》（人文·社会科学版）1992 年 3 月。

钱宗灏：《上海，Art Deco 的传入和流行》，《第四届中国建筑史学国际研讨会论文集》2007 年 6 月。

汪敬虞：《十九世纪外国在华银行势力的扩张及其对中国通商口岸金融市场的控制》，《历史研究》1963 年第 10 期。

王立：《论 1876 年的上海社会物质生活——以〈申报〉广告为中心的考察》，《湛江师范学院学报》2012 年第 10 期。

王小亭：《“义理”、“考据”辨》，《北京大学学报》（哲学社会科学版）2011 年第 5 期。

王元舜：《口述历史：杨家闻先生的回忆》，《建筑技艺》2013 年第 2 期。

吴桂龙：《清末上海地方自治运动论述》，《近代史研究》1982 年第 6 期。

熊月之：《从跑马厅到人民公园人民广场：历史变迁与象征意义》，《社会科学》2008 年第 3 期。

张东刚：《消费需求变动与近代中国经济增长》，《北京大学学报》（哲学社会科学版）2004 年第 5 期。

张伟：《租界与近代上海房地产》，《西南交通大学学报》2002 年第 9 期。

张勇：《“摩登”考辨——1930 年代上海文化关键词之一》，《中国现代文学研究丛刊》2007 年第 12 期。

郑祖安：《英国国家档案馆收藏的〈上海土地章程〉中文本》，《社会科学》1993 年第 4 期。

图集画册

蔡育天主编：《回眸：上海优秀近代保护建筑》，上海人民出版社

2001 年版。

曹炜：《开埠后的上海住宅》，中国建筑工业出版社 2004 年版。

常青编：《摩登上海的象征——沙逊大厦建筑实录与研究》，上海锦绣文章出版社 2011 年版。

陈海汶编著：《繁华静处的老房子：上海静安历史建筑》，上海文化出版社 2004 年版。

陈海汶等：《经典黄浦：上海黄浦区优秀历史建筑》，上海文化出版社 2007 年版。

邓明主编：《上海百年掠影（1840s—1940s）》，上海人民美术出版社 1992 年版。

龚德庆、张仁良主编：《静安历史文化图录》，同济大学出版社 2011 年版。

胡坚等主编：《上海图书馆藏历史原照》，上海古籍出版社 2007 年版。

胡正主编：《招商局画史：一家百年民族企业的私家相簿》，上海社会科学院出版社 2006 年版。

［美］刘香成等编：《上海：1840—2010，一座伟大城市的肖像》，世界图书出版公司北京公司 2010 年版。

娄承浩等编：《老上海名宅赏析》，同济大学出版社 2003 年版。

秦量主编：《上海孙中山宋庆龄文物图录》，上海辞书出版社 2005 年版。

上海建工（集团）总公司编：《千年回眸——上海建筑施工历史图集》，上海画报出版社 2003 年版。

上海建筑装饰集团编：《上海建筑装饰》，上海教育出版社 1995 年版。

上海教育出版社编：《老上海》，上海教育出版社 1998 年版。

上海历史博物馆编：《上海旧影》，上海书画出版社 2010 年版。

上海浦东发展银行：《外滩十二号》，上海锦绣文章出版社 2007 年版。

上海市档案馆编：《上海珍档》，中西书局 2013 年版。

上海市档案馆编：《追忆——近代上海图史》，上海古籍出版社 1996 年版。

上海市虹口文化局编：《虹口经典》，上海交通大学出版社 2006 年版。

上海现代建筑设计（集团）有限公司编：《共同的遗产：上海现代建筑设计集团历史建筑保护工程实录》，中国建筑工业出版社 2009 年版。

沈华主编：《上海里弄民居》，中国建筑工业出版社 1993 年版。

宋路霞：《回梦上海老洋房》，上海科学技术文献出版社 2004 年版。

宋路霞：《上海顶级老洋房》，成都时代出版社 2006 年版。

王绍周编著：《上海近代城市建筑》，江苏科学技术出版社 1989 年版。

王绪远编著：《百年外滩建筑》，中国工业出版社 2008 年版。

伍江主编：《上海邬达克建筑》，上海科学普及出版社 2008 年版。

夏伯铭编译：《上海 1908》，复旦大学出版社 2011 年版。

杨秉德主编：《中国近代城市与建筑（1840—1949）》，中国建筑工业出版社 1993 年版。

张仁良主编：《百年繁华 国际静安：上海静安老房子》，上海文化出版社 2007 年版。

张伟主编：《老上海风情路（一）建筑寻梦卷》，上海文化出版社 1998 年版。

张长根主编：《上海优秀历史建筑（长宁篇）》，上海三联书店 2005 年版。

张长根主编：《上海优秀历史建筑》，上海三联书店 2005 年版。

章明主编：《老弄堂建业里》，上海远东出版社 2008 年版。

主要调研案例列表

本书的案例调研分为文献调研和实地调研两类。列表中"序号"后加"*"的表示作者在近代历史文献中调研到的较为完整的室内设计案例，今已无从考察（或已拆除）。

序号	年代	原有名称	现今名称	室内风格特征	设计师	备注
01	清代早期	雕花厅	雕花厅	中式传统风格	—	松江醉白池公园内
02	1763	书隐楼	书隐楼	中式传统风格	—	黄浦区巡道街天灯弄77号
03	1872	英国领事馆	外滩源一号	诺曼式风格	格罗斯曼、鲍伊斯	黄浦区中山东一路33号
04*	1870s	某殖民地式建筑室内环境	—	殖民地式风格	—	案例来源：《上海—モダン都市の150年》
05	1886	怡安堂	怡安堂	中式传统风格	—	嘉定区嘉定镇汇龙潭公园内
06	清代晚期	缀华堂	缀华堂	中式传统风格	—	嘉定区嘉定镇汇龙潭公园内
07*	19世纪末	Ambrose 先生住宅	—	维多利亚风格	—	案例来源：上图官网"上海年华"板块
08*	19世纪末	Sncthlagc 先生住宅	—	维多利亚风格	—	原址在极司非尔路上（今万航渡路）
09*	1900左右	Drummond 夫妇住宅	—	维多利亚风格	—	原址在徐家汇路上（今肇嘉浜路）
10*	1900左右	西人住宅室内环境历史原照	—	维多利亚风格	—	案例来源：上图官网"上海年华"板块
11	1900左右	盛宣怀住宅	日本驻沪领事馆	维多利亚风格	—	徐汇区淮海中路1517号

序号	年代	原有名称	现今名称	室内风格特征	设计师	备注
12	1901	轮船招商局大楼	招商局集团使用	殖民地式风格	玛礼逊洋行	黄浦区中山东一路9号
13	1902	华俄道胜银行	中国外汇交易中心	古典复兴风格	海因西里·倍高	黄浦区中山东一路15号
14	1905	公董局总董府邸	上海工艺美术博物馆	古典复兴风格	—	徐汇区汾阳路79号
15*	1907	德国总会	已拆	德国文艺复兴风格	倍高洋行，贝克	原址在今黄浦区中山东一路23号地块
16	1908	汇中饭店	和平饭店艺术中心	维多利亚风格	玛礼逊洋行，司各特	黄浦区中山东一路19号
17	1910	礼查饭店	浦江饭店	维多利亚风格	新瑞和洋行	虹口区黄浦路15号
18	1910	上海总会	上海华尔道夫酒店	古典复兴风格	下田菊太郎	黄浦区中山东一路2号
19	1910	永年人寿保险公司大楼	恒松资本公司使用	古典复兴风格	通和洋行	黄浦区广东路93号
20*	1911	大华饭店	已拆	古典复兴风格、维多利亚风格	通和洋行	原址位于南京西路江宁路口
21	1914	三菱大楼、美孚大楼	黄浦区中心医院急诊楼	古典复兴风格	福井房一	黄浦区广东路94号
22	1917	法国总会	科学会堂一号楼	法式传统风格	—	黄浦区南昌路47号
23	1917	陈桂春宅	吴昌硕纪念馆	海派风格	—	浦东区陆家嘴东路15号
24	1918	凌氏民宅	高桥人家陈列馆	中式为主，兼有海派风格	—	浦东区高桥西街167号
25	1918	申报馆	PRESS餐厅	哥特复兴风格	—	黄浦区汉口路309号
26	1921	黄氏民宅	高桥绒绣馆	中式为主，兼有海派风格	—	浦东区高桥镇西街133弄
27	1923	汇丰银行	上海浦东发展银行	古典复兴风格	公和洋行，威尔逊	黄浦区中山东一路10号
28	1924	嘉道理住宅	中国福利会少年宫	古典复兴风格	思九生洋行，布朗	静安区延安西路64号
29	1924	孔公馆	部队用房	西班牙式风格	—	虹口区多伦路250号
30	1924	上海邮政局大楼	上海邮币卡交易中心	西式复古风格	思九生洋行	虹口区北苏州路258号
31	1924	诺曼底公寓	武康大楼	西式复古风格	克利洋行，邬达克	徐汇区淮海中路1836号
32	1925	美国花旗总会	上海市公安局用房	西式复古风格	克利洋行，邬达克	黄浦区福州路209号

续表

序号	年代	原有名称	现今名称	室内风格特征	设计师	备注
33	1926	华安大楼	金门大酒店	古典复兴风格	哈沙德洋行	静安区南京西路108号
34	1926	宏恩医院	上海华东医院	古典复兴风格	邬达克	静安区延安西路221号
35	1927	金城银行	交通银行上海分行	古典复兴风格	庄俊	黄浦区江西中路200号
36	1927	江海关大楼	上海海关使用	折中主义风格	公和洋行，威尔逊	黄浦区中山东一路13号
37	1928	丽波花园	上海体育研究所用房	现代主义风格	赉安洋行设计	徐汇区吴兴路87号
38	1929	沙逊大厦	和平饭店北楼	装饰艺术派及异域传统风格	公和洋行	黄浦区南京东路20号
39	1920s	杨洪生宅	杨宅故居	中式传统风格	—	浦东区高行镇解放村牡丹园
40	1930	邬达克住宅	邬达克纪念室	英式都铎风格	邬达克	长宁区番禺路129号
41	1930	南京大戏院	森海塞尔上海音乐厅	古典复兴风格	范文照、赵深	黄浦区延安东路523号
42*	1930	某宅室内设计	—	装饰艺术派风格	钟熀	案例来源《良友》1930年50期第29页
43	1930左右	Annhold夫妇住宅	—	英式传统乡村风格	—	案例来源：上图官网"上海年华"板块
44	1931	上海基督教青年会大楼	锦江都城青年会酒店	现代风格融合中式传统风格	赵深、李锦沛、范文照	黄浦区西藏南路123号
45	1931	仰贤堂	高桥历史文化陈列馆	海派风格	蔡少祺	浦东区高桥镇义王路1号
46	1932	百乐门舞厅	百乐门舞厅	装饰艺术派风格	杨锡镠	静安区愚园路218号
47	1932	恒利银行	永利大楼	装饰艺术派风格	华盖建筑师事务所	黄浦区天津路100号
48	1932	西侨青年会大楼	体育大厦	西式复古风格	哈沙德洋行	黄浦区南京西路150号
49	1932	伊甸园（沙逊别墅）	龙柏饭店1号楼	英式传统乡村风格	公和洋行	长宁区虹桥路2409号
50	1933	汉弥尔登大厦	福州大楼	装饰艺术派风格	公和洋行	黄浦区江西中路170号
51	1933	大光明大戏院	大光明电影院	装饰艺术派风格	邬达克	黄浦区南京西路216号
52	1933	跑马总会大楼	上海美术馆用房	西式复古风格	新马海洋行	黄浦区南京西路325号

续表

序号	年代	原有名称	现今名称	室内风格特征	设计师	备注
53	1933	上海市政府大楼	上海体育学院办公楼	中式传统复兴风格	董大西	杨浦区长海路399号
54	1933	中华基督教女青年会大楼	中华基督教女青年会大楼	现代风格融合中式传统风格	李锦沛	黄浦区圆明园路133号
55*	1933	何介春宅	—	中西融合风格	黄元吉	原址应在黄浦区大德路
56*	1933	某宅室内设计	—	装饰艺术派风格	钟煜	来源:《中国建筑》1933年1卷2期第18页
57	1934	雷士德工学院	上海海事局用房	现代主义风格	德和洋行、鲍斯威尔	虹口区东长治路505号
58*	1934	虹桥疗养院	已拆	现代主义风格	奚福泉	原址在长宁区今伊犁路2号
59	1934	国际饭店	锦江集团国际饭店	现代风格	邬达克	黄浦区南京西路170号
60	1934	新亚酒楼	新亚大酒店	装饰艺术派	五和洋行,希拉	虹口区天潼路422号
61	1934	贝氏住宅	贝轩大公馆	现代风格	中部工程公司	静安区南阳路170号
62	1935	上海市博物馆	长海医院影像楼	现代风格融合中式传统风格	董大西	杨浦区长海路168号
63	1935	上海市图书馆	杨浦图书馆	现代风格融合中式传统风格	董大西	杨浦区黑山路181号
64*	1936	大都会花园舞厅	已拆	现代风格融合中式风格	杨锡镠	原址在南京西路江宁路口
65	1936	法国邮船公司大楼	上海市档案馆	现代风格	中法实业公司,米努蒂	黄浦区中山东二路9号
66	1936	爱林登公寓	常德公寓	装饰艺术派	—	静安区常德路195号
67	1936	马勒住宅	衡山马勒别墅饭店	北欧传统风格	华盖建筑事务所	静安区陕西南路30号
68	1936	陈楚湘住宅	涌泉坊	西班牙式、现代、中式风格拼合设计	华信建筑事务所	静安区愚园路395弄24号
69*	1936	白塞仲路住宅	—	现代主义风格	奚福泉	原址位于上海马当路附近
70*	1936	某公寓室内设计	—	现代风格	陆谦受,吴景奇设计	案例来源:《中国建筑》1936年26期第50页

续表

序号	年代	原有名称	现今名称	室内风格特征	设计师	备注
71*	1936	某俱乐部室内设计	—	现代风格	陆谦受，吴景奇设计	案例来源：《中国建筑》1936年26期第53页
72	1937	吴同文住宅	上海市规划设计研究院	现代风格	邬达克	静安区铜仁路333号
73*	1939	某公寓室内设计	—	现代主义风格	—	案例来源：《上海特写》1939年1期第19页
74	1941	美琪大戏院	美琪大戏院	装饰艺术派风格	范文照	静安区江宁路66号
75	1947	交通银行	上海市总工会	装饰艺术派风格	鸿达洋行	黄浦区中山东一路14号
76	1948	姚有德住宅	西郊宾馆紫竹楼	现代风格（有机建筑风格）	协泰洋行，汪敏新、汪明勇设计	长宁区虹桥路1921号

后　　记

想起大学刚毕业，我和几位好友约了同去上海，兴奋与忐忑中开始了我的职业生涯……转眼 15 年过去，从懵懂无知到即将不惑，从设计师到高校老师，一路走来，跌跌撞撞。那些曾经的种种经历，都成了我平日里跟学生们讲课的谈资，其中经常提到的是我在上海大学跟随恩师田云庆教授的求学经历。从硕士到博士，我先后跟随田老师八年时光，此间我对恩师的敬仰与感激无法用辞藻修饰，之后只能再接再厉，不负师长期望。

此书是在我的博士论文基础上进一步完善和系统修改而成。我依稀记得，2013 年 9 月的一个下午，田老师约我在普陀图书馆讨论博士论文选题，我们一直聊到闭馆音响再三催促才离开。确定选题后我是又惊又喜：惊的是我深知自己的那点业务能力尚不能有力支撑研究任务；喜的是这个选题是我一直关注且十分感兴趣的方向。于是在田老师的帮助指导下，我甚至从头开始，抛开一切杂念，专心于课题研究，这才有了些许成果。

2020 年逝去的光景已然充满了不平凡，几年积累能够出版成著，我深感难得与珍贵。静心细想，过程中得到了许多专家、老师、同学、朋友的帮助。后生拙作怕有攀附之嫌，诸君名讳便不一一列举，但执笔之际心中也已再次谢过。只是于此还要感谢一下浙江省社科联和中国社会科学出版社给与的大力资助和支持。

上海是一个充满魅力的城市，各路学者对它的研究可以说是浩如烟海，想从海量文献中寻找线索、深入探求并非易事，加之我又才疏学浅，此书难免有所瑕疵，还望读者朋友批评指正。

书成之际，也想借此告诉犬子祐正：筚路蓝缕，只要踏实肯干，相信终有所成，与你共勉。

朱松伟

2020 年 5 月 7 日于汴甬书房